高等学校机械类专业系列教材

U0159627

Creo Parametric 曲面设计与参数化建模

主　编　杨西惠　张爱梅

副主编　刘海安　高　鹏

西安电子科技大学出版社

内 容 简 介

本书是高等院校应用型本科工业设计专业的创新型教材。全书共 7 章，主要内容包括 Creo
的基本功能概述、零件装配、工程图设计、参数化建模基础知识、复杂曲面的参数化建模、非
参数化建模模块、综合曲面建模等。书中各章均根据相应的工程实际应用需求，设置了案例讲
解、课后练习等内容。

全书将最新 Creo 实体建模理论与实际案例有机融合，以期满足人才培养的要求。

本书可作为高等院校机械类专业的本科生教材，也可供高职高专相关专业的学生学习，还
可供广大 Creo 爱好者、工业设计从业者参考。

图书在版编目(CIP)数据

Creo Parametric 曲面设计与参数化建模 / 杨西惠，张爱梅主编. --西安：西安电子科技大学
出版社，2024.4
ISBN 978-7-5606-7199-4

Ⅰ.①C… Ⅱ.①杨… ②张… Ⅲ.①计算机辅助设计—应用软件 Ⅳ.①TP391.72

中国国家版本馆 CIP 数据核字(2024)第 045401 号

策 划 刘小莉 戚文艳
责任编辑 刘小莉
出版发行 西安电子科技大学出版社(西安市太白南路 2 号)
电 话 (029)88202421 88201467 邮 编 710071
网 址 www.xduph.com 电子邮箱 xdupfxb001@163.com
经 销 新华书店
印刷单位 咸阳华盛印务有限责任公司
版 次 2024 年 4 月第 1 版 2024 年 4 月第 1 次印刷
开 本 787 毫米×1092 毫米 1/16 印张 16.5
字 数 392 千字
定 价 42.00 元
ISBN 978-7-5606-7199-4 / TP
XDUP 7501001-1

前　言

本书是一本基于 PTC Creo Parametric 软件来介绍参数化建模技术应用的教材。

在制造业中，三维建模是计算机辅助设计(CAD，Computer Aided Design)、计算机辅助制造(CAM，Computer Aided Manufacturing)、计算机模拟和分析的基础工作，也是最烦琐的工作之一。如何更轻松、更高效地完成建模工作，参数化建模无疑是不二选择。

Creo 是 PTC 公司推出的三维计算机辅助设计软件包，也是工程师构思、设计、模拟和分析的强大工具包。其中，Creo Parametric(原 PTC Pro/Engineering)是该软件包的核心软件，也是参数化建模的主要工具(无特别说明时，Creo Parametric 简写为 Creo)。本书采用的软件基于 Creo Parametric 8.0 版本。

本书以实战为主，重点介绍 Creo 曲面设计与参数化建模的理论和技术。全书内容包括参数化曲面建模(第 1～5 章)、非参数化曲面建模(第 6 章)、参数化和非参数化结合的综合建模(第 7 章)三部分内容，其中参数化建模是本书的重点和难点。

本书立足于工业设计专业，在建模的尺寸、数值方面比较灵活，部分细节的处理不一定符合工程技术的规范和要求，这是需要说明的。对于结构设计的初学者，还需结合其专业的相关知识来学习。

本书适合 Creo 初学者，也适合具有 Creo 建模基础的人群。然而本书 Creo 建模的基础知识部分略显单薄，建议初学者在学习本书前，能充实 Creo 建模的基础知识，以便更好地学习。

杨西惠、张爱梅担任本书主编，刘海安、高鹏担任副主编。

由于编者水平有限，书中欠妥之处在所难免，敬请读者谅解和指正。

编　者
2024 年 1 月

目　录

第 1 章 Creo 的基本功能概述

本章将简明介绍 Creo(Creo Parametric)的界面、曲面建模的常用工具(Tool)及其产生的特征(Feature)。特征是构成参数化模型的基本元素，即建模工具产生特征，众多特征堆叠构成模型。

对 Creo 来说，它的曲面工具大体上有如下四类：基本曲面工具、高级曲面工具、曲面编辑工具和曲面分析工具。使用前三类工具，相应地产生基本曲面特征、高级曲面特征、曲面编辑特征。而曲面分析工具主要用来分析曲面的质量，它是辅助工具，一般不产生特征。

1.1 Creo 的软件界面、基本操作及文件系统介绍

1.1.1 Creo 软件界面和基本操作介绍

下载并安装 Creo 软件后，打开软件会显示初始界面，如图 1.1.1 所示。选择"新建"→"零件"→"确定"，界面如图 1.1.2 所示，图中对部分选项窗口的功能做了简单标注。

图 1.1.1

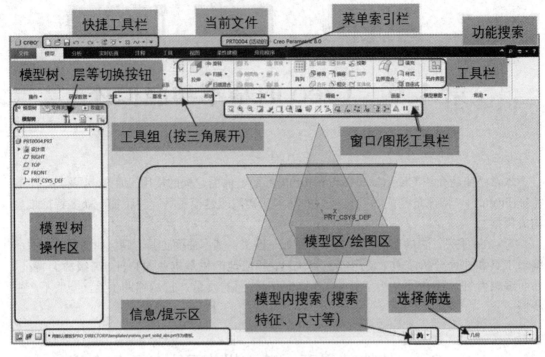

图 1.1.2

(1) 快捷工具栏：用于快速访问常用的工具和功能，如文件基本操作、模型更新、模型关闭等。这个工具栏可以通过鼠标右键菜单"自定义快速访问工具栏"来定制。

(2) 功能搜索：当无法找到某个功能/命令(所在位置)时，用该按钮搜索。

(3) 窗口/图形工具栏(通过右键可以定制)：主要用于视图变换(放大、缩小、移动)、视图切换(切换正视图、侧视图等)、视图定义(定义所需的视图)、显示过滤(即显示/隐藏基准面、轴线、点基准等)。

(4) 模型区/绘图区：该区域为建模工作区。对该区的基本操作，不仅包含窗口/图形工具栏的视图变换、视图切换、显示过滤，也包含如下鼠标操作：

① 定点旋转视图：按下鼠标中键(即滚轮)拖动，旋转中心为坐标原点。

② 自由旋转视图：按下[Alt]键 + 鼠标中键拖动，旋转中心为鼠标箭头所在位置。

③ 缩放视图：转动鼠标滚轮，缩放中心为鼠标箭头所在位置(也可按下[Ctrl]键+鼠标中键拖动)。

④ 移动视图：按下[Shift]键 + 鼠标中键拖动。

(5) 模型树操作区：模型树是包括 Creo 在内的 CAD 软件所具有的非常重要的功能，它记录了建模过程中的所有操作，是管理特征的堆栈。对模型树的操作主要如下：

① 插入特征：如图 1.1.3 所示，通过鼠标左键拖动模型树窗口水平横线(即软件中该窗口的横线)到所需位置，即可新建需要插入的特征。

② 移动特征：用鼠标左键拖动需要移动的特征到新的位置(不能单独越过继承特征。关于继承，请参阅 4.1 节)。

③ 删除特征：在需要删除的特征上点击鼠标右键，选择"删除"。

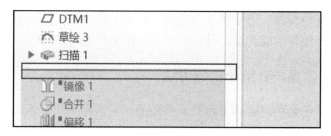

图 1.1.3

注意：删除被继承的特征会导致模型出现错误，需要重新定义下方出错的特征。具体操作如图 1.1.4、图 1.1.5 所示，选择"选项"，在子项处理面板点击需要保留的特征，选择"挂起"(以备删除完成后重新定义)，待所有需保留的特征操作完成后，才可进行删除操作，否则下方特征会因继承关系而一并删除。

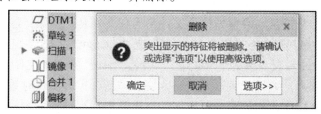

图 1.1.4

图 1.1.5

④ 编辑特征：点击鼠标左键选择需要编辑的"特征"，在弹出的菜单中选择"编辑特征"，如图 1.1.6 所示。

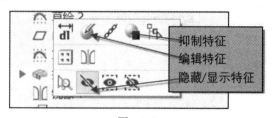

图 1.1.6

⑤ 抑制特征：使特征失效，即特征虽然存在于模型树中，但不起作用，也不出现在模型中。通常在模型修改中出现错误时需要进行特征的插入、移动、编辑等操作，此时可临时将下方出错的特征抑制起来(在汉化版软件中该命令译为"隐含")。

⑥ 隐藏/显示特征：可以控制特征在模型中的可见性，无论隐藏与否，特征依然存在且起作用。

关于模型树的其他操作，诸如特征分组等，这里不作介绍，感兴趣的读者可以查阅基础教材。省略的操作还有图层管理、材质管理等，需要时会另作介绍，这里也一并略去。

1.1.2　Creo 的文件系统介绍及构建方法

给文件取个合适的名称对今后工作是有帮助的，所以在正式开始本小节之前，下面先简要给出 Creo 文件取名的一些建议。

由于 CAD 软件对中文的支持不太好，因此给读者提供如下建议：

(1) 尽量使用字母文件路径，且路径不要太深。

(2) 尽量使用字母文件名，且文件名不要太长。

在实际工作中，采用中文路径或路径过深(即目录太多导致路径很长)，或采用中文文件名或文件名过长(即文件名字符太多)，都会导致 Creo 中出现文件无法浏览、无法预览或打开的状况。如果出现这些错误，请首先检查文件路径和文件名，排除文件名或路径的原因。

Creo 主要的文件名其基本格式是 "abc.prt.N" 或 "abc.asm.N" (N 为自然数)。其中，"abc" 是文件名；扩展名 ".prt" 表示该文件为零件；扩展名 ".asm" 表示该文件为装配文件；".N" 为文件存储的流水编号，编号越大，系统认为文件越新，读取文件时系统自动读取编号最大的文件。在实际建模中，如果需要读取旧版文件，根据编号找出对应的文件，对其重命名后便可读取。

Creo 还有一种有用的文件，命名格式为 "trail.txt.N"。该文件存储在 Creo 的启动目录(鼠标右键点击 Creo 快捷方式，选择"属性"，"起始位置"对应的路径)下，此文件由系统自动产生，每次启动 Creo 便会生成一个新的文本文件，其中记录了 Creo 启动后的所有操作(包括视图变换等)。如果 Creo 意外退出或忘记保存而退出，又需要找回操作和模型，则可以找到并打开该文本文件进行尝试。

具体操作方法为：首先使用文本编辑器打开文件，删除文件尾部意外退出时的操作，之后依次在键盘上敲击回车与空格(该文件的正常结尾格式)，保存为如 "abc.txt" 的名称，然后打开 Creo 并选择"播放追踪文件"工具(如图 1.1.7 所示)。如果 Creo 再次中途退出，则请删除退出前的操作后面的所有文本重试。

图 1.1.7

Creo 启动后的菜单界面如图 1.1.7 所示。需要特别说明的是，"工作目录"是 Creo 默认的文件存储目录，当涉及多目录文件操作时，建议将主操作目录设置为工作目录。此外，Creo 读取一次文件后，文件会保留在内存中，所有操作均是对内存文件进行的。但是，当需要读取原始文件时，仅仅关闭文件显然是不够的，还需要使用"拭除未显示的"功能来清除内存操作。

若需要新建项目,则可以点击选择"主页"→"数据"→"新建"选项,弹出如图1.1.8
所示的弹窗。这里只介绍"装配"和"零件"两种类型,其他类型将在后面再做介绍。

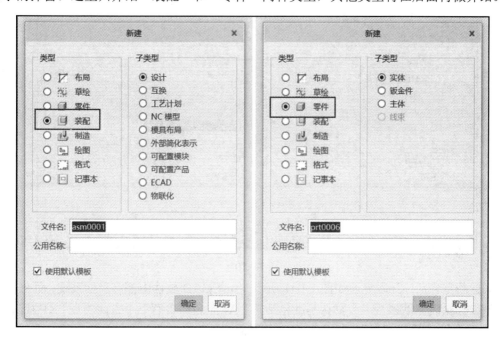

图 1.1.8

一台设备通常由许多零件组成,装配指的是这台设备(或者该设备的设计项目),而零
件则是这台设备的构成部分(或单元)。装配文件通常只包含零件的装配关系数据(不含模型
的详细数据);零件则包含零件模型的所有数据。

开始建模前,建议先从全局把握,再具体实施。构建文件系统也遵循这个原则,先"新
建"装配文件,再"创建"骨架文件(骨架文件将在第4章详细介绍),最后"创建"零件。

特别要说明的是,这里的骨架模型选项是生成骨架文件的唯一方法。

点击选择"主页"→"数据"→"新建"选项,选择"装配",输入文件名,点击"确
定",这样就创建了一个装配文件项目。Creo 菜单界面如图 1.1.9 所示。

图 1.1.9

创建好装配文件/工程项目,接下来创建第一个零件。

点击选择"模型"→"元件"→"创建"选项,会依次弹出如图 1.1.10 所示的弹窗。
第一个弹窗用于选择零件的类型,如果项目很复杂就选择"子装配",如果是普通项目则
直接选择"零件"。选择完成后出现第二个弹窗,用于确定零件的装配关系,一般选择默
认选项即可。

图 1.1.10

创建新零件后，Creo 界面如图 1.1.11 所示。所有 CAD 软件中都有坐标系统，而在 Creo 中，该坐标系统即默认基准。默认基准包括一个基准点(即含有三个方向的点 PRT_CSYS_DEF)和三个经过基准点且互相垂直的默认基准面。一般情况下，系统会在新建文件时自动添加默认基准(如果没有默认基准，可以手动将基准插入模型树设计项的下方)。

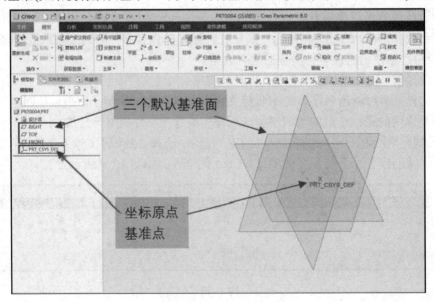

图 1.1.11

除了默认基准外，如果建模过程中需要，也可以随时添加其他基准，如基准点、基准线(轴)或基准面，具体方法将在后面的例子中有所体现。

了解了 Creo 的界面、基本操作和文件系统后，接下来就可以学习 Creo 的曲面工具并管理其创建的特征了。

1.2　基本曲面工具

1.2.1　拉伸

拉伸是将截面(平面曲线构成的图形)沿着该截面法向方向移动以构建曲面的工具。由拉伸工具构建的曲面叫拉伸面，其特征为拉伸特征(其他工具以此类推，下略)。

要素：截面、拉伸方向、拉伸深度。

绘制拉伸曲面，点击选择"模型"→"基准"→"拉伸"选项，如图 1.2.1 所示，点击进入拉伸界面，如图 1.2.2 所示。

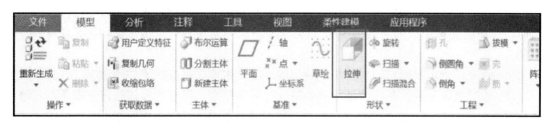

图 1.2.1

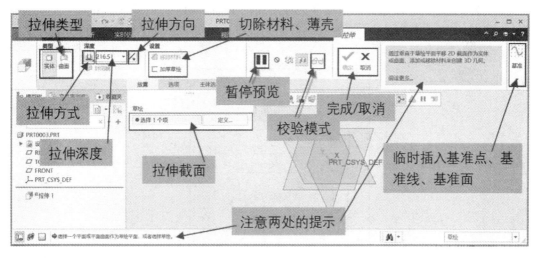

图 1.2.2

(1) 拉伸类型：Creo 中的曲面大致可分为两种类型，即开放曲面和封闭曲面。开放曲面是指曲面所在的空间内外相互连通，而封闭曲面指曲面所在空间被曲面分割成不相通的内外两部分。

对于封闭曲面，可以将其转换成一个物理概念——实体，即将曲面内部空间假想为填充了材料的物体(模型本身是虚构的，因此封闭曲面与实体本质上并无区别，只是在 Creo 中做了区别。

(2) 拉伸方式：采用拉伸功能可以生成实体或曲面，具体有三种方式——可变、对称、到参考，如图 1.2.3 所示。

① 可变：表示从截面开始按照拉伸数值单向拉伸。

② 对称：表示从截面开始按照拉伸数值向两侧对称拉伸。

③ 到参考：表示从截面开始拉伸，直到达到指定的参考位置为止。

图 1.2.3

(3) 切除材料：此项默认选项是拉伸增加材料，即生成一个曲面/实体。当选择移除材料时，拉伸会切掉相应的曲面/实体；如果模型场景中无实体时，实体切除会无法选择(呈灰色)。

(4) 薄壳：表示拉伸自动产生指定数值的厚度，生成带壁厚的壳体(实体)。

(5) 临时插入基准：在拉伸过程中如果临时需要基准，可以点击该按钮生成所需基准。生成基准后回到拉伸界面，继续完成拉伸。需要注意的是，这样生成的基准是拉伸的子项，无法被其他特征所继承。

(6) 拉伸截面：可以选择已有截面或绘制新的截面。如果选择绘制新截面，则会弹出草绘对话框，在此对话框中，选择绘制截面的基准面，如 FRONTS(基准面)，如图 1.2.4 所示。

图 1.2.4

在绘制草图时，草绘方向建议参考工程制图中有关绘图方向的定义，也可以直接使用系统默认设置，点击草绘即可进入绘制界面。

草图的基本界面如图 1.2.5 所示，其中的工具和使用方法相对基础，在此不作过多介绍。以下只简要介绍通常使用的或者重要的工具。

"截面的基准工具"和"图形的绘制工具"非常相似，容易混用。简单来说，截面的基准工具用于整个图形，如旋转的旋转轴、扫描的对齐点等(详见 1.2.2 旋转和 1.2.3 扫描)；图形的绘制工具用于绘制环节，如曲线对称的对称轴等。按照这个原则使用，基本上不会出现问题(虽然在实际工作中两者有时可以混用，但作者不建议这样做)。

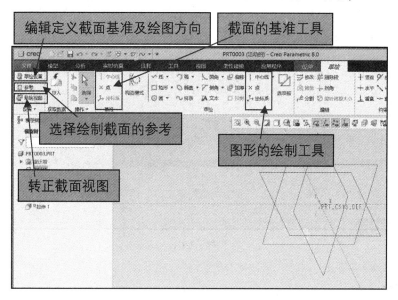

图 1.2.5

在草绘区域绘制一条样条线，如图 1.2.6 所示，根据需要修改尺寸后，点击"确定"即可完成绘制。

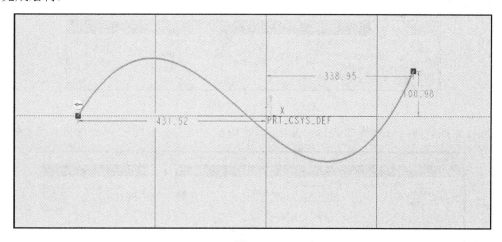

图 1.2.6

在使用 Creo 工具时，诸如"确定""完成"等选项，若其为系统默认选项，则其图标会被标示为蓝色底，如图标 ✔ ✘ 中的"确定"按钮。对于这样的默认选项，可直接按下鼠标中键(即滚轮)来快速点击完成。

完成样条线的绘制后，再次点击鼠标中键即可完成拉伸曲面的绘制，结果如图 1.2.7 所示。这样，就绘制好了一个拉伸面。

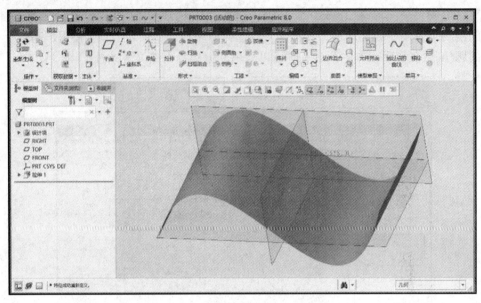

图 1.2.7

1.2.2　旋转

旋转是将截面沿着旋转轴转动而绘制新曲面的工具。

要素：截面、旋转轴、旋转角度。

绘制旋转曲面，点击选择"模型"→"形状"→"旋转"选项，如图 1.2.8 所示。

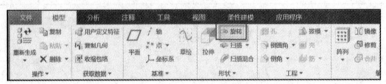

图 1.2.8

旋转选项界面与拉伸界面类似，如图 1.2.9 所示，这里只介绍它们之间的不同之处。

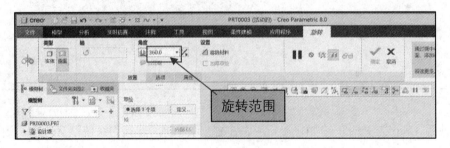

图 1.2.9

(1) 旋转范围：0°～360°(或其他不超过 360°的区间，如 –90°～180°)。

(2) 旋转需要在截面绘制时设置旋转轴。

具体操作如下：点击"草绘"→"定义"选项，然后选择 Front 基准面，进入草绘界面后，绘制如图 1.2.10 所示的样条线，并绘制中心轴(即旋转轴)。

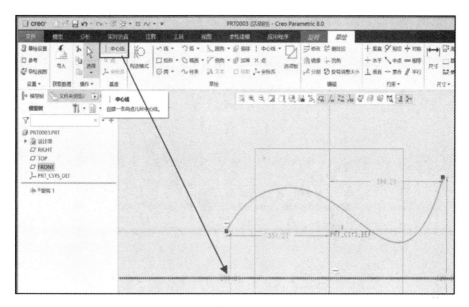

图 1.2.10

绘制完成后点击"确定",结果如图 1.2.11,这样就完成了旋转曲面的绘制。

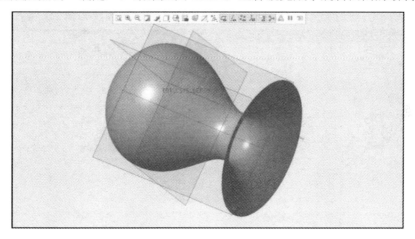

图 1.2.11

1.2.3　扫描

扫描是用截面沿轨迹曲线运动而绘制一个曲面的工具。

要素:截面、轨迹、主轨迹 Trajpar 参数、尺寸约束。

绘制扫描曲面,点击选择"模型"→"形状"→"扫描"选项,如图 1.2.12 所示。

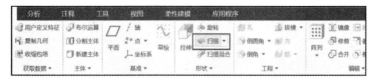

图 1.2.12

在进行扫描操作之前，需要先绘制扫描轨迹线，如图 1.2.13 所示。

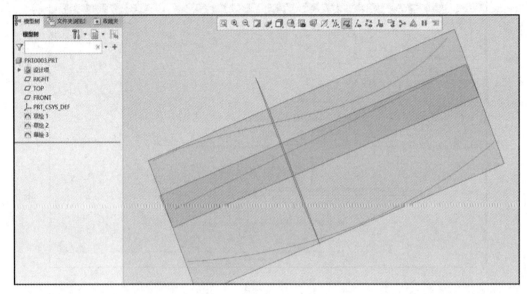

图 1.2.13

绘制完成后进入扫描界面，按下[Ctrl]键，选择三条轨迹线，如图 1.2.14 所示。

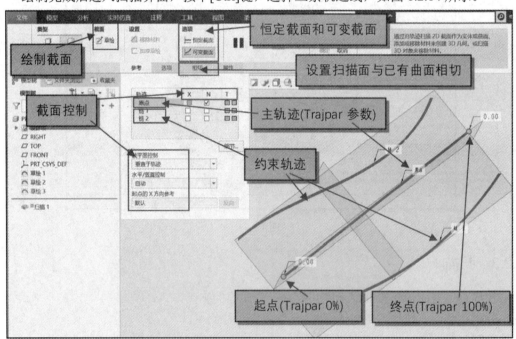

图 1.2.14

(1) 主轨迹(原点轨迹)：截面的主要的运动轨迹，截面运动参数 Trajpar(可理解为长度比例)从轨迹线的 0%变化到 100%。其中，0%为截面绘制的平面，也是轨迹运动的起点。主轨迹只有一条，必须是 G_1 连续(相切)的曲线链(关于连接关系，详见 1.5.1 节)。

(2) 约束轨迹：用于约束截面的轨迹。约束轨迹可以是 G_0 连续的曲线链。

　　在选择轨迹之后，草绘便可以使用了(否则是灰色的)。此时点击草绘即可进入如图 1.2.15 所示的截面绘制界面。

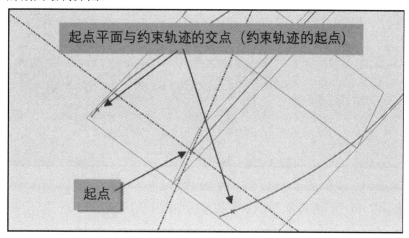

图 1.2.15

　　起点的坐标系是 Trajpar 参数从 0%到 100%变化的初始坐标系，是截面绘制的坐标系，也是截面控制选项所设置的坐标系。

　　常用的截面控制选项有两个(如图 1.2.16 所示)：一个是垂直于轨迹的法线方向建立的坐标系，即垂直于轨迹；另一个是选择所需的平面作垂直投影，即垂直于投影。

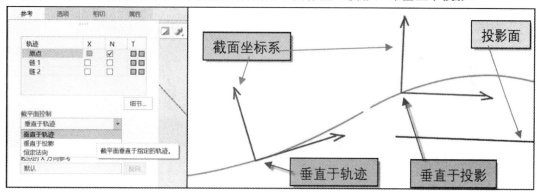

图 1.2.16

　　绘制截面时，需要设置尺寸和约束，以确保不能改变的尺寸和约束关系在扫描中不会改变，如图 1.2.17 所示。

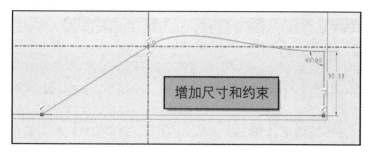

图 1.2.17

完成后点击"确定",曲面预览如图 1.2.18 所示。

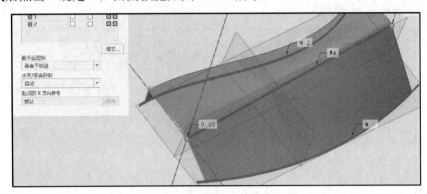

图 1.2.18

"恒定截面"和"可变截面",二者的区别如图 1.2.19 所示。

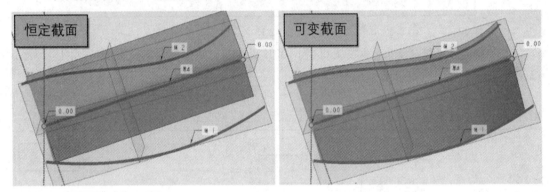

图 1.2.19

至于"选项""相切"这两个选项卡,内容相对比较简单,书中的实际例子中再作介绍。
设置完成后,点击"确定",就完成了一个扫描曲面的绘制。

1.2.4 扫描混合

扫描混合是将多个截面沿着轨迹运动并混合的曲面绘制工具。

要素:两个以上截面、轨迹、主轨迹 Trajpar 参数、尺寸约束。

绘制扫描混合曲面,点击选择"模型"→"形状"→"扫描混合"选项,如图 1.2.20
所示。

图 1.2.20

扫描混合是在扫描的基础上增加了多截面的混合。扫描混合同样需要预先绘制轨迹线,
为了更好地介绍这个命令,例中增加了一个基准点("模型"→"形状"→"点",选择轨
迹与基准面,"确定",即二者的交点),如图 1.2.21 所示。

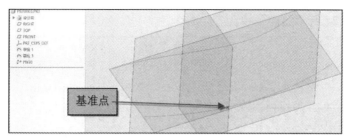

图 1.2.21

　　接着进入扫描混合详细界面，按住[Ctrl]键，选择两条轨迹线，如图 1.2.22 所示。该界面与扫描的界面基本相同，只是增加了"截面"选项卡。

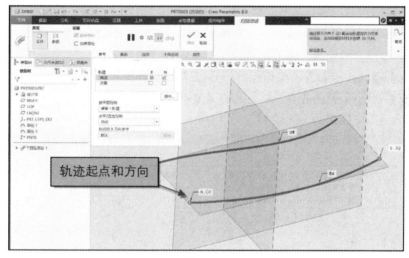

图 1.2.22

　　进入"截面"选项卡，如图 1.2.23 所示。系统默认选择轨迹起点作为第一个截面，因此在这里直接点击草绘即可进入草绘界面。

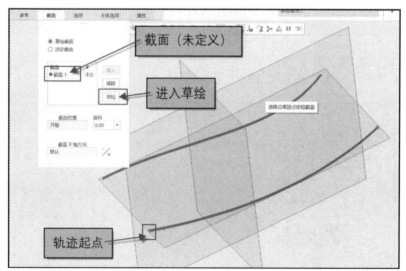

图 1.2.23

绘制如图 1.2.24 所示的样条线。

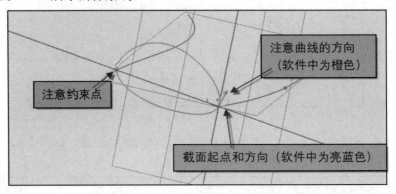

图 1.2.24

在绘制扫描混合曲面时，需要注意以下两点：

(1) 所有截面的起点和方向应该保持一致(或符合设计意图)。

(2) 所有截面的断点(曲线与曲线的连接点)应保持对应关系。

点击"确定"完成截面 1 的绘制。

接下来"插入"新的截面，选择如图 1.2.25 所示的基准点，点击"草绘"。

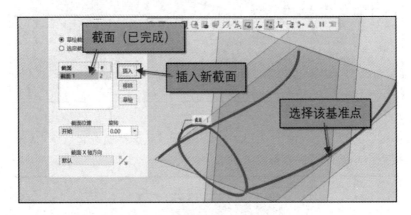

图 1.2.25

图 1.2.26 展示了截面 1 和截面 2 的位置对比。

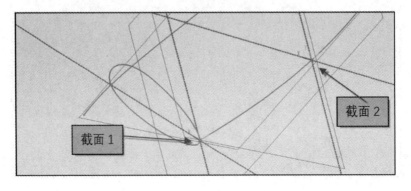

图 1.2.26

使用圆形工具绘制截面 2。为了使截面 1 和截面 2 的断点对应，需要使用"分割"工具将圆形分成两个半圆；如果发现起点的位置和方向不一致，请在正确的位置上点击右键，选择"设置为起点"，完成后如图 1.2.27 所示。

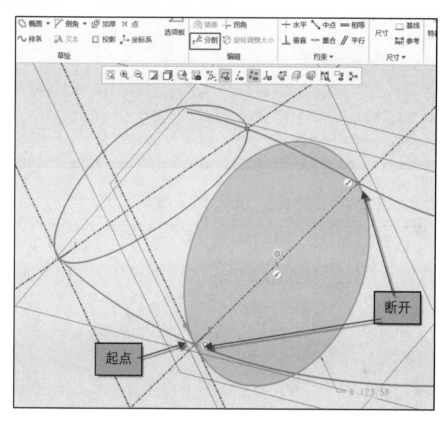

图 1.2.27

点击"确定"，如图 1.2.28 所示。

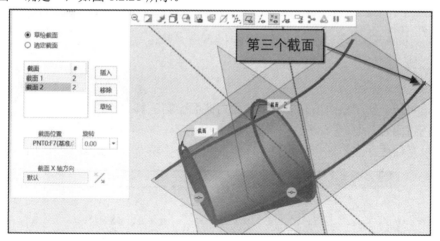

图 1.2.28

重复上述操作，完成第 3 个截面，如图 1.2.29 所示。

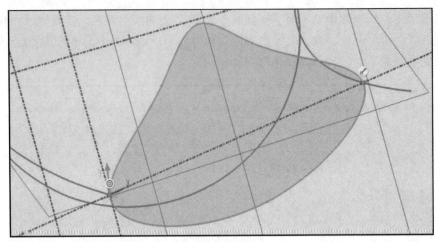

图 1.2.29

确定即完成了扫描混合曲面的绘制，如图 1.2.30 所示。

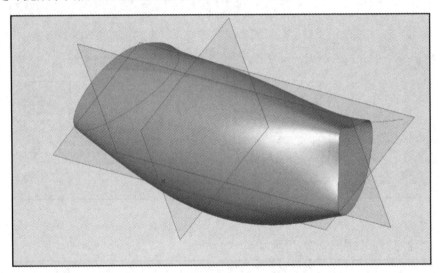

图 1.2.30

1.2.5 填充

填充是将一个封闭截面填充成一个曲面的曲面绘制工具。

要素：封闭的截面。

绘制填充曲面，点击选择"模型"→"曲面"→"填充"，如图 1.2.31 所示。

图 1.2.31

进入填充界面，如图 1.2.32 所示。

图 1.2.32

点击草绘"定义"进入草绘界面，绘制一条简单的封闭曲线作为截面，"确定"即可完成封闭曲面的绘制，如图 1.2.33 所示。

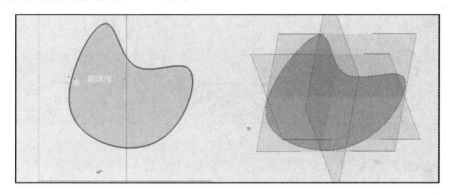

图 1.2.33

1.3　高级曲面工具

Creo 有很多高级的曲面工具，诸如构建轮胎的"环形弯折"工具等，但这些工具不具有普遍性。本节只选择与曲面建模息息相关的常用高级曲面工具来介绍。接下来介绍两种非常常用的高级曲面工具。

1.3.1　螺旋扫描曲面

螺旋扫描指的是用螺旋线的方式来扫描曲面的工具。螺旋扫描是绘制各种螺旋状曲面非常便捷的工具。

要素：轮廓截面、扫描截面、转轴、螺距、螺旋方向。

绘制螺旋扫描曲面，点击选择"模型"→"形状"→"扫描"→"螺旋扫描"选项，如图 1.3.1 所示。

图 1.3.1

进入螺旋扫描界面，如图 1.3.2 所示。

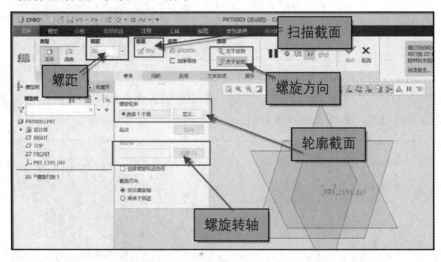

图 1.3.2

首先定义螺旋轮廓。点击螺旋轮廓的"定义"按钮，进入螺旋轮廓的草绘界面(也可选择已有截面)，绘制如图 1.3.3 所示的截面，点击"确定"完成绘制。

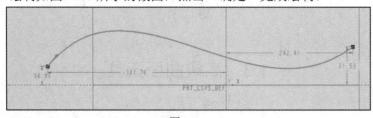

图 1.3.3

点击选择 X-轴作为螺旋转轴，如图 1.3.4 所示。

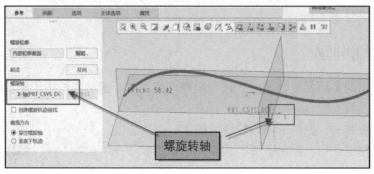

图 1.3.4

确定螺旋的间距和螺旋的方向，如图 1.3.5 所示。

图 1.3.5

点击截面"草绘"按钮，进入扫描截面绘制界面，绘制如图 1.3.6 的截面。

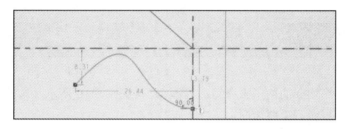

图 1.3.6

点击"确定"，如图 1.3.7 所示，即可完成螺旋扫描曲面的绘制。

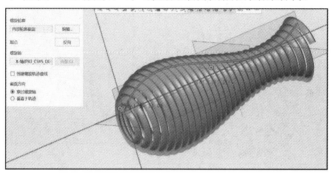

图 1.3.7

1.3.2　边界混合曲面

边界混合指的是通过四条边线的方式来构建曲面的工具，也叫四边面工具。

要素：四边、临边 G_0 连续(连接关系请参考 1.5.1 节)。

边界混合位置处选择选项"模型"→"曲面"→"边界混合"，如图 1.3.8 所示。

图 1.3.8

关于边界混合，用一句话概括其重要性就是，如果没有边界混合工具，那么也就没必要选择 Creo 来进行曲面建模了。边界混合是曲面建模除了基础工具以外，所用最多、也是最重要的曲面构建工具。任何复杂的曲面，最常用的方法就是通过分面，把它分割成若干个四边面(非平面)，再通过边界混合来搭建曲面。

四边的关系复杂，大体上有如下几种状况：标准四边面、三边面(即某条边成了一个点)、两边面、凹四边面(不可边界混合)，如图 1.3.9 所示。在建模分面的时候，可以把曲面分成前 3 种状况的组合，但要避免出现凹四边面的状况。对于第 4 种状况，可以继续分面把它分成其他 3 种状况。

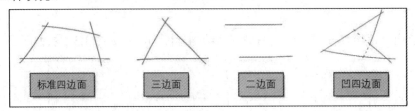

图 1.3.9

接下来，用一个实际的例子来介绍边界混合。如图 1.3.10 所示，这是个剃须刀刀头，图中可见四条边形成了一个四边面。

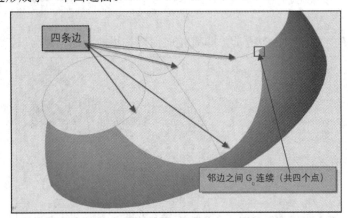

图 1.3.10

进入边界混合界面，边界混合的构面方式与渔网类似，它由经纬两个方向的线组成，即成面方式是通过第一方向、第二方向边线细分形成的网格混合成面，如图 1.3.11 所示。

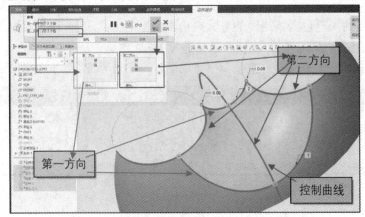

图 1.3.11

对于相邻边线，它们之间必须且只能 G_0 连续(相交)。根据笔者多年的经验，断开或 G_1 以上的出错概率非常大。所以如果边界混合失败，第一个要检查的就是边界之间的 G_0 连接问题。

为了更好地控制边界混合面，可以在 4 条边界线内额外增加控制曲线(如图 1.3.11 所示的控制曲线)，同样，内部控制曲线也须符合 G_0 连续原则。

另一个容易出现问题的地方是新旧曲面之间的约束问题，如图 1.3.12 所示。

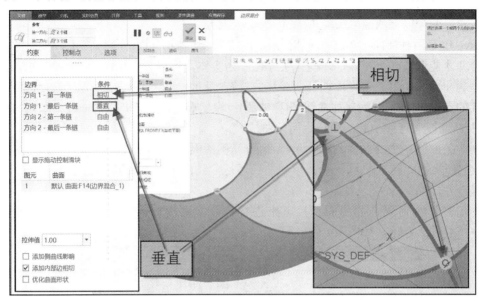

图 1.3.12

Creo 提供了"自由""相切""垂直""曲率"四种约束方式可供选择(在约束图标上点右键快速切换)。切记约束成功的关键：面的连续关系取决于线的连续关系。关于连接关系，详见 1.5.1 节。

完成后点击确定，即可完成边界混合面，如图 1.3.13 所示。

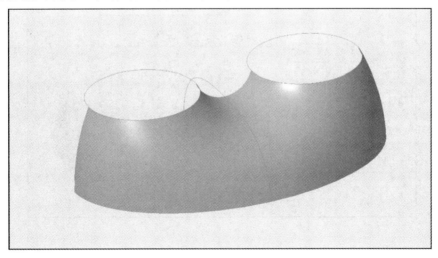

图 1.3.13

1.4　曲面编辑工具

1.4.1　合并

合并是用来把两个以上的曲面或面组合并为一个面组的工具。

要素：两个以上曲面/面组、曲面间 G_0 以上连续。

Creo 中有两种曲面：单独曲面和面组。建模中，绘制和分面(分面见 5.1.1 节)建的曲面，需要合并才能变成一个整体，才能"实体化"为实体，实体才能用作 3D 打印和机加工。

理解曲面和面组，首先应理解曲线和曲线链(即曲线组)。除了端点再无断点(打断且互相连接的点)的曲线，即为单独曲线(简称曲线)；除了端点，还有断点的曲线，即为曲线链。(注：打断而没有连接一起的曲线为两条曲线。)

由一条曲线产生的曲面，即为单独曲面(简称曲面)；由曲线链产生的曲面即为面组；闭合旋转(即 360° 旋转)曲面无论是单独曲线还是曲线链，均为面组。面组的另一个产生方法便是合并曲面。

弄清楚了为何要合并曲面，接下来进行合并曲面操作。点击选择"模型"→"编辑"→"合并"选项，如图 1.4.1 所示。

图 1.4.1

进入合并界面，如图 1.4.2 所示。

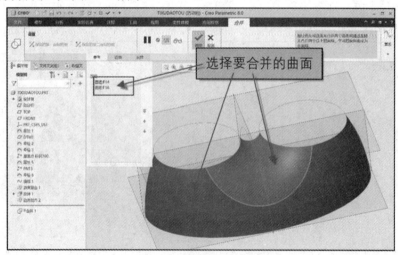

图 1.4.2

注意"选项"选项卡中，"相交"和"合并"选项分别用于曲面的修剪和合并，如图 1.4.3 所示。

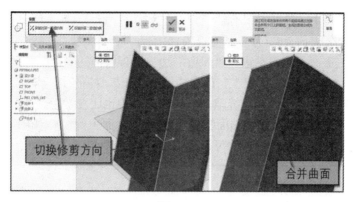

图 1.4.3

图 1.4.3 中，"相交"选项用于两个曲面交叉需要修剪才能合并的状况，此时两个面交线上会出现裁切方向的选择箭头，箭头指向曲面被裁切后所保留的部分(箭头反方向的曲面会被裁切掉)；"合并"选项不会裁切曲面，只是单纯地将两个曲面联合在一起，也是如此，两个曲面须保持 G0 连续(相交)。

1.4.2　修剪

修剪是把曲线(链)/曲面(组)切开的工具。

要素：被修剪的曲线(链)/曲面(组)，用作修剪的曲线/曲面，二者相交。

修剪大体上可以理解为合并的反操作。

点击选择"模型"→"编辑"→"修剪"选项，如图 1.4.4 所示。

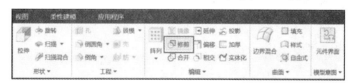

图 1.4.4

进入修剪界面，如图 1.4.5 所示。

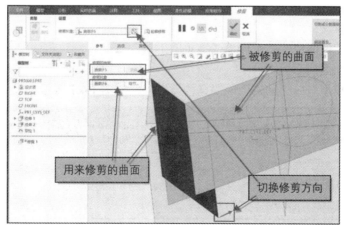

图 1.4.5

注意："参考"中，可能是汉化的问题，把被修剪的面组(可理解为布匹)译作"修剪的面组"，把用来修剪的面组(可理解为剪刀)翻译为"修剪对象"，极容易歧义而搞反。

修剪方向有三个："保留左边""保留右边""保留两边"。

"选项"中，"保留修剪面组"，该选项默认勾选，取消勾选会隐藏用来修剪的曲面；"加厚修剪"，即修剪一个均匀的缝隙，二者在建模中也比较常用。

用来修剪的不仅有面组，还有曲面和曲线(被修剪曲面上的线)，如图 1.4.6 所示。同样，当需要修剪一条曲线时，用来修剪的可以是曲面/面组、曲线/曲线链和点。

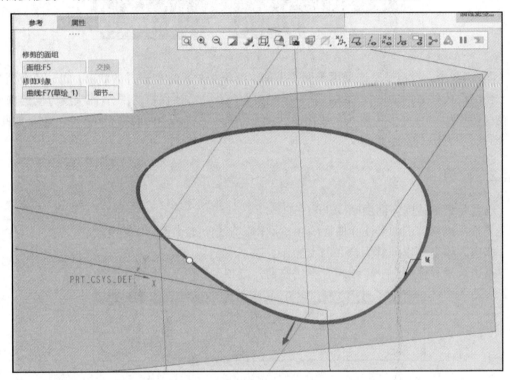

图 1.4.6

1.4.3   延伸

延伸是用来把曲面或者面组伸出或缩短的工具。

要素：开放曲面或面组。

点击选择"模型"→"编辑"→"延伸"选项，如图 1.4.7 所示。

图 1.4.7

进入延伸界面，如图 1.4.8 所示。

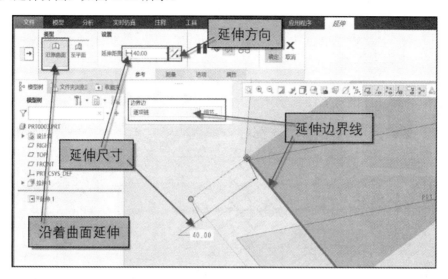

图 1.4.8

点击延伸至平面选项，如图 1.4.9 所示。

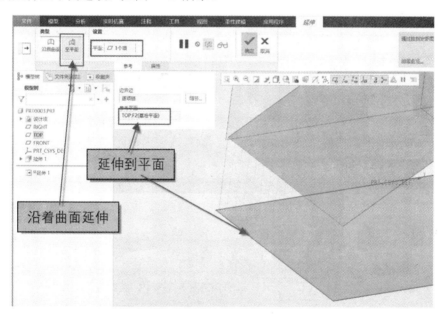

图 1.4.9

注意：延伸方向，向外即延长，向内即缩短。

1.4.4　偏移

偏移是用来偏移(Offset)曲线/曲线链或曲面/面组的工具。

要素：曲面/面组/曲线/曲线链。

点击选择"模型"→"编辑"→"偏移"选项，如图 1.4.10 所示。

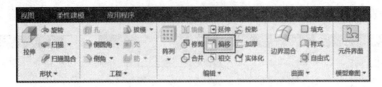

图 1.4.10

进入偏移界面，如图 1.4.11 所示。

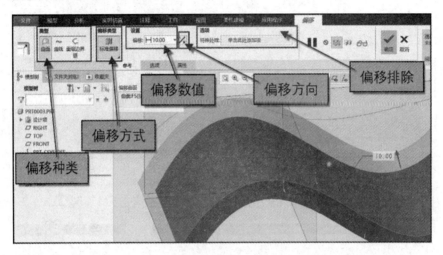

图 1.4.11

(1) 偏移种类：可以偏移"曲面""曲线"和"面组边界链(曲线链)"。

(2) 偏移方式有四种，分别为："标准偏移""具有拔模""展开""替换曲面"。

① "标准偏移"：整个曲面或面组均匀向外偏移，如图 1.4.11 所示。

② "具有拔模"：偏移对象为曲面/面组，偏移范围为截面范围，拔模角度范围 0°～60°(包含 0°)，如图 1.4.12 所示。

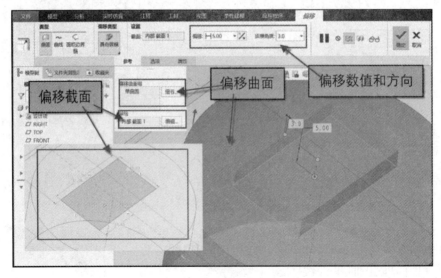

图 1.4.12

③ "展开"：偏移对象为边缘封闭的面组(即面组的边缘与其他曲面合并在一起，且 G_0 连续)，如图 1.4.13 所示。

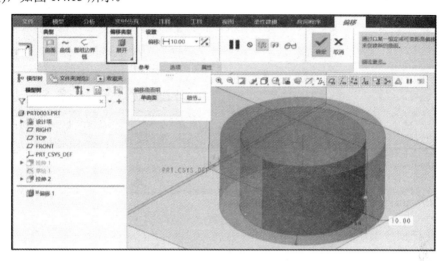

图 1.4.13

④ "替换曲面"：以现有曲面替换实体上的需要偏移的曲面。偏移对象为实体上的曲面，且与相邻曲面为 G_0 连续，如图 1.4.14 所示。

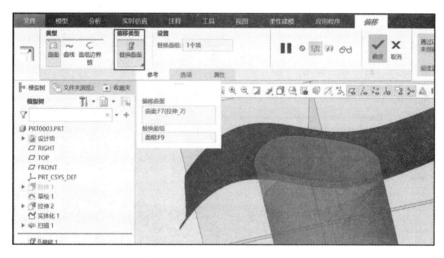

图 1.4.14

(3) 偏移排除：标准方式偏移面组时，会出现部分曲面无法偏移的情形，这时候可以用此方式排除这些无法偏移的曲面，待到其他曲面偏移以后，再对这些曲面进行补面操作。

(4) 偏移选项(如图 1.4.15 所示)有"垂直于曲面""自动拟合""控制拟合"。

① "垂直于曲面"：以曲面的法向坐标来偏移，特点是偏移出的曲面与原曲面距离基本相同。

② "自动拟合"：方式与"垂直于曲面"相同，但是对无法偏移的局部进行自动调整，特点是偏移的曲面与原曲面的距离均匀变化(距离不相等)。

③ "控制拟合"：手动选择偏移坐标，偏移曲面与原曲面相似(不推荐)。

图 1.4.15

1.4.5　加厚曲面

加厚是把曲面制作成壳状实体的工具。

要素：曲面/面组。

点击选择"模型"→"编辑"→"加厚"选项，如图 1.4.16 所示。

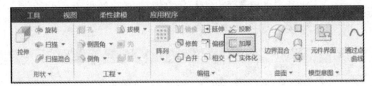

图 1.4.16

进入加厚界面，如图 1.4.17 所示。

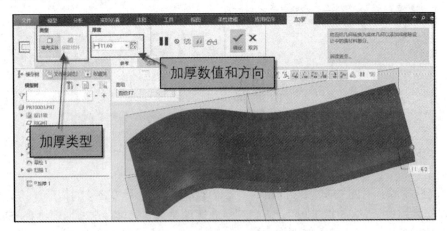

图 1.4.17

1.4.6　实体化曲面

实体化是将曲面特征转化为实体的工具。

要素：封闭面组。

点击选择"模型"→"编辑"→"实体化"选项，如图 1.4.18 所示。

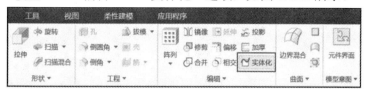

图 1.4.18

进入实体化曲面界面，如图 1.4.19 所示。

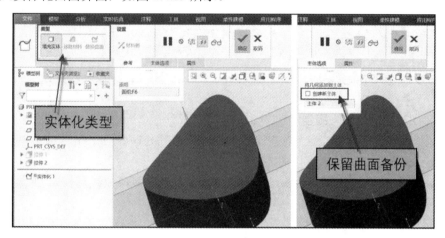

图 1.4.19

1.5　曲面质量分析

在曲面建模中，如何辨别曲面自身、曲面之间连接的质量是否达到了设计要求呢？显然这仅凭眼睛是无法判定的。为此 Creo 提供了几个有用的工具来帮助用户解决这些问题。

在开始介绍这些工具前，还需要厘清一些概念，这便是曲线、曲面之间(含曲线与曲线、曲线与曲面、曲面与曲面)的连接关系。

1.5.1　曲线之间的连接关系

(1) 曲线之间的连接关系。

曲线之间的连接关系，是曲线、曲面之间连接关系的基础，也是曲面建模成败的关键。连接关系通常用高等数学上连续性的概念来描述，即 $G_0 \sim G_5$。

① G_0：位置连续，曲线相交。

② G_1：相切连续，一阶微分连续，曲线相切。

③ G_2：曲率连续，二阶微分连续，曲率连续。

④ $G_3 \sim G_5$：略(用于技术性强的产品，比如涉及流体力学的曲面，如高速列车、飞机、船体、叶轮等产品的曲面)。

两条曲线的关系如图 1.5.1 所示，图中黄线为相关曲线，蓝线为其曲率线。

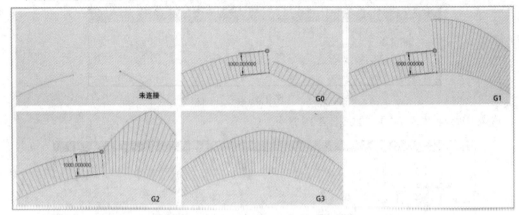

图 1.5.1

需要特别说明的是，人眼能分辨 0.02 毫米的细微差别，人眼也可以分辨 G_0、G_1、G_2 的连接关系。所以对于工业设计专业来说，曲面建模必须处理好 G_0、G_1、G_2 这些连接关系。

(2) 约束两条曲线之间的连接关系。

① G_0 连续(相交)：事实上绘图过程中，很容易判断出两条曲线是否为 G_0 连续，如图 1.5.2 所示。

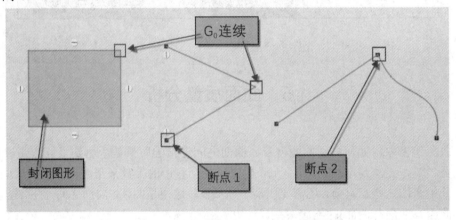

图 1.5.2

当需要给图 1.5.2 的"断点 2"建立 G_0 连续时，可以使用草绘界面下的"编辑"→"拐角"选项将两条断开的线连接在一起，或者使用"约束"→"重合"选项将两个断点重合。

② G_1 连续(相切)：如果需要建立 G_1 连续，可以使用草绘界面下的"约束"→"相切"选项来实现。

③ G_2 连续(曲率连续)：如果需要建立 G_2 连续，可以使用草绘界面下的"约束"→"相等"选项来实现。

因为这些命令很基础，操作也非常简单，这里就一笔带过。至于曲线与曲面、曲面与曲面的连接关系，后续的建模中会多次用到，这里也就略去了。

有了曲线、曲面之间连接关系的概念，接下来就可以学习 Creo 的曲线、曲面的分析工具了。

1.5.2　曲率分析工具

曲率分析工具是对高等数学中曲线的曲率进行图形化而来的。数学上，曲率越大，曲线的弯曲程度越大，在 Creo 的曲率分析里，则表现为曲率线越长。

点击选择"分析"→"检查几何"→"曲率"选项，如图 1.5.3 所示。

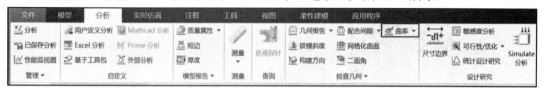

图 1.5.3

图 1.5.4 所示的曲线是否有问题呢？

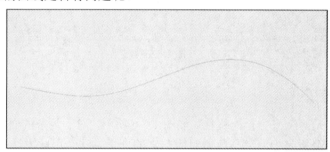

图 1.5.4

眼睛很难判别，所以用曲率来分析一下。选择点击"分析"→"检查几何"→"曲率"，进入曲率分析界面，如图 1.5.5 所示。

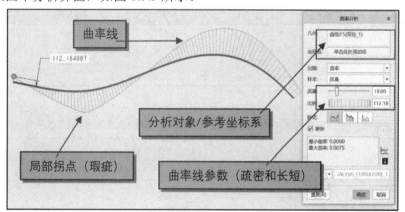

图 1.5.5

通过分析，很容易就发现这条曲线的曲率线变化不均匀，局部存在拐点，拐点会影响曲面质量，如果对曲面要求比较高的时候，就要通过微调曲线来修正。

判别标准(同等参数下)如下：

(1) 曲率线是否平滑；

(2) 曲率是否存在瑕疵(扭曲、拐点、断点等)。

曲面的曲率分析要比曲线曲率分析复杂得多，它分成经纬两个方向的曲率线，如图 1.5.6

所示。其判断的标准是一样的，这里就不赘述了。

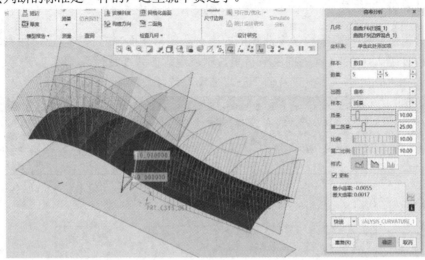

图 1.5.6

1.5.3　着色曲率分析

　　着色曲率分析是对曲率分析的优化。如图 1.5.6 所示，对于复杂的面组，观察曲率线并不容易。着色曲率分析是把曲率与色谱对应起来的分析方法。用此方法分析面组时，只需观察颜色的过度是否均匀、是否存在突兀的色团骤变即可(此工具相对简单，颜色请以电脑分析为准。灰度印刷模式下，只需观察灰度变化是否均匀、是否存在突兀的深色团即可)。

　　点击选择"分析"→"检查几何"→"着色曲率"选项，如图 1.5.7 所示。

图 1.5.7

启动着色曲率分析，选择要分析的曲面和面组，如图 1.5.8 和图 1.5.9 所示。

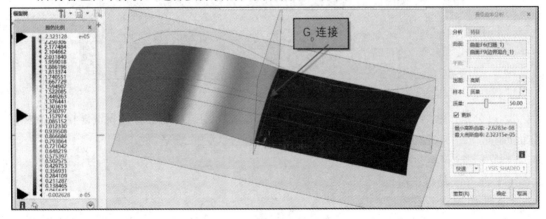

图 1.5.8

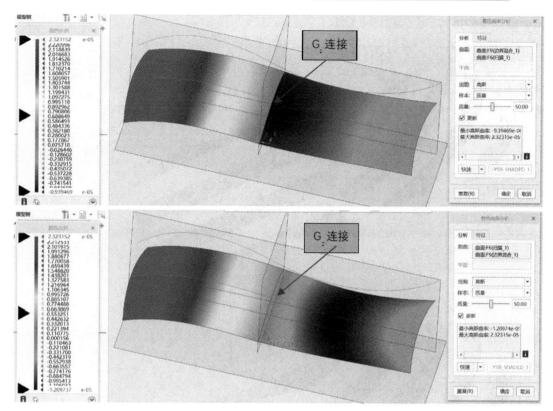

图 1.5.9

判别标准(同等参数下)如下：

(1) 色谱变化是否连续；

(2) 色彩变化是否存在瑕疵(突兀的色团、色彩骤变的棱角等)。

1.5.4　反射(斑马纹)分析

相对而言，反射分析方法非常直观，是曲面设计中常用的方法。对于这个工具，只需观察斑马纹的疏密变化、弯曲变化、曲面间斑马纹的过渡状况即可。

点击选择"分析"→"检查几何"→"反射"选项，如图 1.5.10 所示。

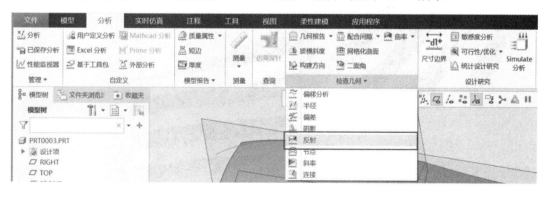

图 1.5.10

选择要分析的曲面，如图 1.5.11 所示。

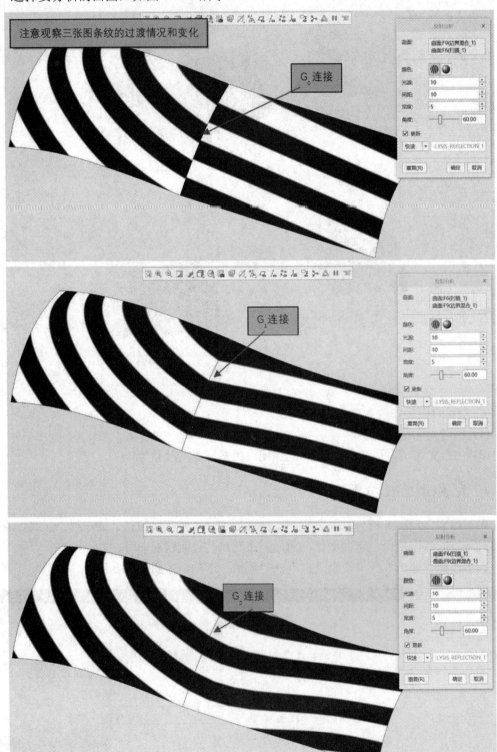

图 1.5.11

判别标准(同等参数下)如下：

(1) 条纹疏密变化体现曲面变化的剧烈程度，条纹的弯曲变化体现曲面曲率的变化；

(2) 条纹变化是否连续，是否存在瑕疵(错位、断差、尖角等)。

本 章 小 结

本章简要介绍了 Creo 曲面建模的基础知识和最常用的曲面工具，其中曲面工具是本章的重点。

Creo 曲面工具分为创建曲面的工具、编辑曲面的工具和分析曲面的工具，其中创建曲面的工具又分为基本曲面工具和高级曲面工具两类。掌握这些工具，才能完成曲面创建、曲面编辑、曲面评估等曲面建模基本工作。

熟练掌握和使用本章列举的工具，是 Creo 基础建模的要求，也是本书曲面设计和参数化建模的基础。

课 后 练 习

为了更好地掌握本章所介绍的曲面工具，建议读者逐一对本章介绍的工具进行针对性的练习，以便理解工具及其参数并应用到实际建模中去。

第2章 零件装配

在现代工程设计与制造领域中，完成零件设计后，将各个零件按照设计要求的约束条件或连接方式进行组装，才能形成一个完整的产品或机构装置。在这个过程中，零件装配技术则是非常重要的一环。Creo 提供了丰富的零件装配功能，能够帮助工程师和设计师更加高效地完成产品的设计和制造。

本章将介绍 Creo 系统中的零件装配技术，包括装配过程中所需的装配环境、约束条件、装配过程等内容。通过学习本章内容，读者将会了解到零件装配的基本原理和方法，并能够掌握 Creo 系统中的各种零件装配工具和技术，这对于从事工程设计和制造相关工作的人员来说具有重要实际意义。

2.1 零件装配环境

设计一个完整的产品，除了高质量的零件外，还需要高质量地把零件组装在一起，以实现产品的功能。作为机械类 CAD 软件，Creo 可以完全模拟产品的设计和组装过程。其中的组装过程即按照设计意图，建立零件间的约束关系，模拟零件的组装关系，以便进行结构分析、运动分析、装配图纸生成等操作，也就是为零件装配。

零件装配一方面可以模拟零件的真实组装关系，另一方面可以帮助工程师制订合理的加工、装配工艺，采用有效保证装配精度的装配方法，提高产品的质量，降低产品成本。本书立足于工业设计专业，略去了机械专业的相关内容，感兴趣的读者可查阅相关基础教材。

(1) 启动 Creo，如图 2.1.1 所示。

图 2.1.1

(2) 点击选择"主页"→"新建"选项，如图 2.1.2 所示，选择"装配"，即可进入装配环境。

图 2.1.2

(3) 装配模块界面如图 2.1.3 所示。其中各部分的主要功能如下：

① 组装：调用零件进行组装。

② 创建：创建一个新的子装配、骨架、零件。

③ 镜像：选择已装配零件，创建其镜像拷贝。

④ 拖动元件：在允许的范围内，拖动零件(用于模拟运动)。

图 2.1.3

2.2 基本装配约束

在 Creo 装配环境中，通过定义装配约束，可以指定一个元件相对于装配体(组件)中其他元件(或特征)的放置方式和位置。装配约束的类型包括"重合""角度偏移"和"距离"等约束。一个元件通过装配约束添加到装配体后，它的位置会随着与其有约束关系的元件改变而改变，而且约束设置值作为参数可随时修改，并可与其他参数建立关系方程，这样整个装配体实际上就是一个参数化的装配体。

点击选择"模型"→"元件"→"组装"选项(见图 2.2.1)，进入组装界面，如图 2.2.2所示。

图 2.2.1

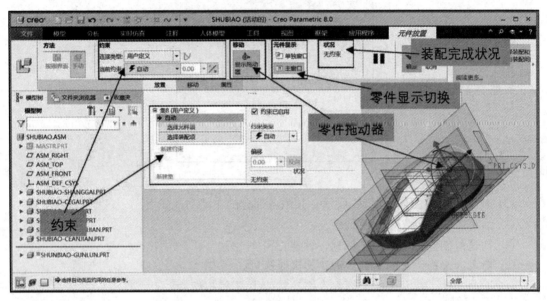

图 2.2.2

（1）装配完成状况：显示当前零件的组装状况，如无约束/部分约束/完全约束。

（2）零件显示切换：为了便于装配，可以选择在主窗操作，或把零件放在独立窗口中操作。

（3）显示拖动器：为了便于观察和装配，可以打开拖动器对零件进行临时的移动和旋转。

（4）约束：如图 2.2.3 所示。用多个约束来限制零件的自由度，从而准确确定零件的位置和状态。下述基准包括参照面和零件上的曲面。

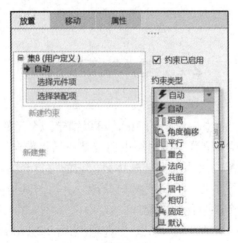

图 2.2.3

① 自动约束：由操作者选择装配基准(或者点、线、面等)，系统根据选择的基准确定装配约束。推荐这种方式。

② 默认约束：设定零件的默认基准与装配零件的默认基准重合的装配方式。

③ 距离约束：使选择的两个基准(点、直线、平面)法线相反，互相平行，通过距离值控制装配距离。

④ 平行约束：使选择的两个基准(直线、平面)法线相反，互相平行，忽略距离(即在距离方向自由)。

⑤ 重合约束：使选择的两个基准(点、线、面等)重合(重合、共面、平行且距离为零)。对于回转体等曲面的"重合"，则指的是使二者的轴线重合。

⑥ 角度偏移：使选择的两个基准(直线、平面)以"夹角"的方式约束，类似距离约束。

⑦ 相切约束：使选择的两个基准(平面与曲面、曲面与曲面)以相切的方式约束在一起。如轮子与地面、滚珠与轴承套等。

⑧ 法向约束：使选择的两个基准(直线、平面)互相垂直约束。

⑨ 共面约束：使选择的两个基准形成共面来约束零件。

⑩ 居中约束：使选择的两个基准同心或同轴。

⑪ 固定约束：将零件固定在当前位置。

(5) 连接类型：见图 2.2.4。

图 2.2.4

连接类型是装配时对零件采用系统预定的装配约束。除了特定需要外，工业设计专业推荐用户定义方式。

① 刚性连接：将两个零件连接在一起，两零件自由度为零。

② 销钉连接：该连接由一个轴对齐和平行约束组成。零件可以绕着销钉旋转。

③ 滑块连接：该连接由轴对齐和旋转约束组成。零件有一个平移自由度。

④ 圆柱连接：该连接只有一个轴对齐约束。比销钉连接少了平移约束，因此该连接可以绕轴旋转，也可以沿轴平移。

⑤ 平面链接：该连接由一个平面约束组成。零件可以沿平面移动，也可以绕着平面的

法向旋转。

⑥ 轴承连接：该连接由一个点与一条轴线的重合约束组成。零件可以沿着轴线平移，也可以绕着点任意旋转。

⑦ 球连接：该连接由两个点重合约束组成。零件可以绕着点自由旋转。

⑧ 焊缝连接：该连接为两个默认基准重合，两个零件的自由度为零。

⑨ 常规连接：由用户指定一个或两个可配置约束组成，这些约束与用户定义相同，但相切的点、曲线上的点、非平面曲面上的点排除。

⑩ 6DOF 连接：该连接满足坐标系重合约束，但零件的坐标系可以是运动轴(可旋转平移)。

⑪ 万向节连接：该连接具有中心约束关系，但不允许轴自由转动。

⑫ 槽连接：该连接包含一个点重合约束，允许零件沿着一条非直曲线移动(和绕点自由旋转)。

2.2.1　"距离"约束

使用"距离"约束定义两个装配元件中的点、线和平面之间的距离值。约束对象可以是元件中的平整表面、边线、顶点、基准点、基准平面和基准轴，所选对象不必是同一种类型，例如可以定义一条直线与一个平面之间的距离。当约束对象是两平面时，两平面平行(如图 2.2.5)；当约束对象是两直线时，两直线平行；当约束对象是一直线与一平面时，直线与平面平行。当距离值为 0 时，所选对象将重合、共线或共面。

图 2.2.5

2.2.2　"角度偏移"约束

用"角度偏移"约束可以定义两个装配元件中平面之间的角度，也可以约束线与线、线与面之间的角度。该约束通常需要与其他约束配合使用，才能准确地定位角度(图 2.2.6)。

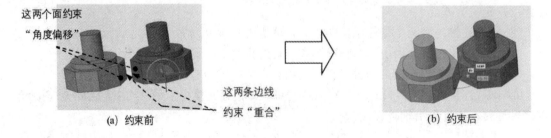

图 2.2.6

2.2.3　"平行"约束

用"平行"约束可以定义两个装配元件中的平面平行，如图 2.2.7 所示，也可以约束线与线及线与面的平行。

(a)　约束前　　　　　　　　　　　　　　　　　(b)　约束后

图 2.2.7

2.2.4　"重合"约束

"重合"约束是 Creo 装配中应用最多的一种约束，该约束可以定义两个装配元件中点、线和面的重合。约束的对象可以是实体的顶点、边线和平面，也可以是基准特征，还可以是具有中心轴线的旋转面(柱面、锥面和球面等)。

下面根据约束对象的不同，列出几种常见的"重合"约束的应用情况，如图 2.2.8～图 2.2.14 所示。

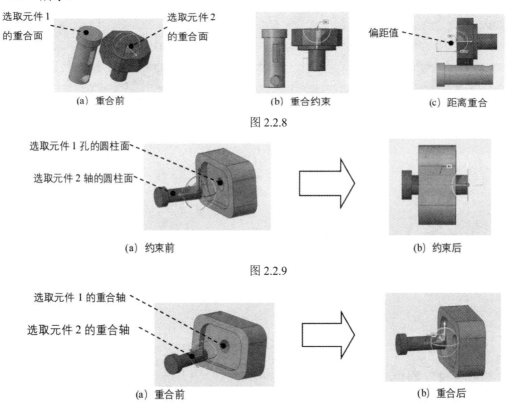

选取元件 1 的重合面　　　选取元件 2 的重合面　　　　　　　　　　　　　偏距值

(a)　重合前　　　　　　　(b)　重合约束　　　　　　(c)　距离重合

图 2.2.8

选取元件 1 孔的圆柱面
选取元件 2 轴的圆柱面

(a)　约束前　　　　　　　　　　　　　　　　　(b)　约束后

图 2.2.9

选取元件 1 的重合轴
选取元件 2 的重合轴

(a)　重合前　　　　　　　　　　　　　　　　　(b)　重合后

图 2.2.10

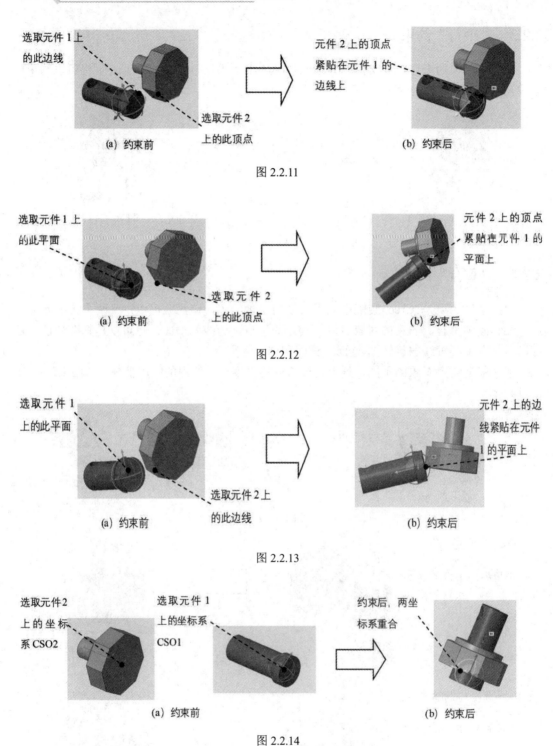

选取元件 1 上
的此边线

元件 2 上的顶点
紧贴在元件 1 的
边线上

(a) 约束前

选取元件 2
上的此顶点

(b) 约束后

图 2.2.11

选取元件 1 上
的此平面

元件 2 上的顶点
紧贴在元件 1 的
平面上

(a) 约束前

选取元件 2
上的此顶点

(b) 约束后

图 2.2.12

选取元件 1
上的此平面

元件 2 上的边
线紧贴在元件
1 的平面上

(a) 约束前

选取元件 2 上
的此边线

(b) 约束后

图 2.2.13

选取元件 2
上的坐标
系 CSO2

选取元件 1
上的坐标系
CSO1

约束后，两坐
标系重合

(a) 约束前

(b) 约束后

图 2.2.14

2.2.5   "法向"约束

"法向"约束可以定义两元件中的直线或平面垂直，如图 2.2.15 所示。

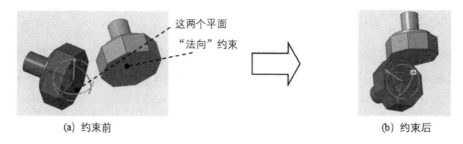

(a) 约束前 (b) 约束后

图 2.2.15

2.2.6 "共面"约束

"共面"约束可以使两个元件中的两条直线或基准轴处于同一平面,如图 2.2.16 所示。

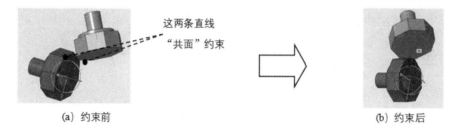

(a) 约束前 (b) 约束后

图 2.2.16

2.2.7 "居中"约束

用"居中"约束可以控制两个坐标系的原点相重合,但各坐标轴不重合,因此两个零件可以绕重合的原点进行旋转。当选择两个柱面"居中"时,两个柱面的中心轴将重合。

2.2.8 "相切"约束

用"相切"约束可以控制两个曲面相切,如图 2.2.17 所示。

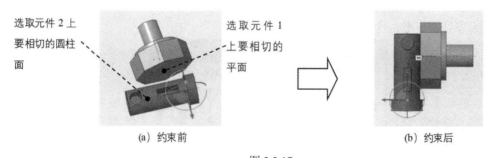

(a) 约束前 (b) 约束后

图 2.2.17

2.2.9 "固定"约束

"固定"约束也是一种装配约束形式,可以用该约束将元件固定在图形区的当前位置。当向装配环境中引入第一个元件(零件)时,也可以对该元件实施这种约束形式。

2.2.10 "默认"约束

"默认"约束也称为"缺省"约束,可以用该约束将元件上的默认坐标系与装配环境的默认坐标系重合。当向装配环境中引入第一个元件(零件)时,常常对该元件实施这种约束形式。

2.2.11 零件变换

装配中如果需要移动或旋转零件,则直接用移动器操作即可,如图 2.2.18 所示。鼠标点击对应坐标轴后拖动,可使零件进行轴向平移;鼠标点击两轴之间弧形区域并拖动,可使零件在该平面进行平移;鼠标点击拖动圆形弧线,可对零件进行对应轴向的旋转操作。

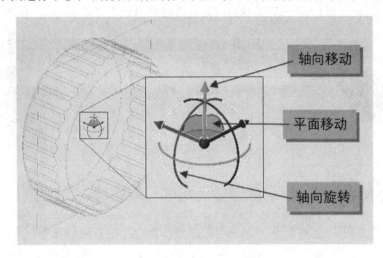

图 2.2.18

2.2.12 挠性约束

如图 2.2.19 所示,挠性约束是为了解决挠性零件的装配而设置的。挠性零件指的是弹簧、密封圈等具有变形特性的零件。

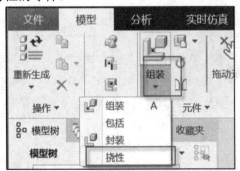

图 2.2.19

挠性约束和装配只在模拟分析的时候才会用到这些功能(需要模拟分析时再设置挠性

零件，进行挠性约束和装配)。

2.3 装配模型的一般过程

下面以一个装配体模型——鼠标(shubiao.asm)为例(见图 2.3.1)来说明装配体创建的操作步骤。

图 2.3.1

2.3.1 新建装配文件

在工具栏中单击"新建"按钮 ，在弹出的"新建"对话框中选中"装配"选项，输入文件名，选取适当的装配模板，单击"确定"按钮，进入装配环境，如图 2.3.2 所示。

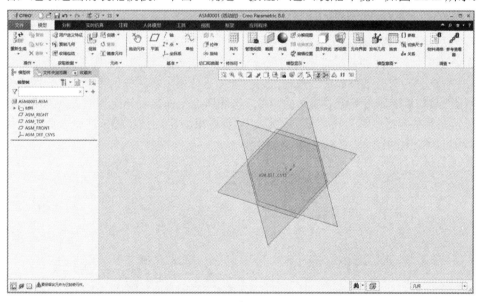

图 2.3.2

2.3.2 装配第一个零件

点击"模型"→"元件"→"组装"(见图 2.3.3)→"组装"(见图 2.3.4)，在"打开"对话框中选择要插入的元件，并完全约束放置第一个零件，如图 2.3.5 所示。

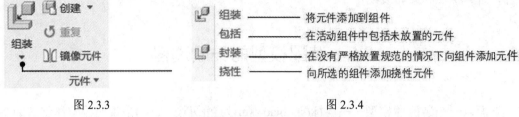

图 2.3.3	图 2.3.4

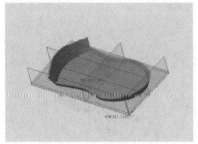

图 2.3.5

2.3.3   装配第二个零件

点击选择"模型"→"元件"→"组装"选项，按上述步骤引入第二个元件。第二个零件被引入后，可能与第一个零件相距较远或较近，或者其方向和方位不便于进行装配放置。解决这个问题的方法有两种：

● 方法一：移动元件(零件)：利用坐标轴与旋转轴对零件进行移动调整，便于进行装配。

● 方法二：打开辅助窗口。

当引入第二个元件到装配件中时，系统将选择"自动"放置，如图 2.3.6 所示。从装配体和元件中选择一对有效参照后，系统将自动选择适合指定参照的约束类型。分别选择鼠标底盖上沿平面与鼠标侧盖下沿对应平面，系统按照所选平面自动指定约束类型为重合，如图 2.3.7 所示。调整合适距离后可对元件进行进一步约束固定，按步骤依次引入后续零件，完成装配后鼠标装配如图 2.3.1 所示。

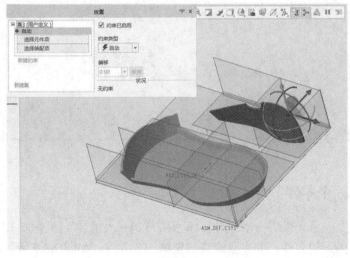

图 2.3.6

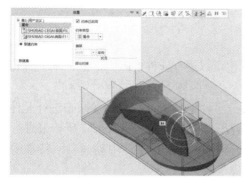

图 2.3.7

约束类型的"自动选择"功能，可省去手动从约束列表中选择约束的操作步骤，从而能有效地提高工作效率。

2.3.4 使用允许假设

在装配过程中，Creo 会自动启用"允许假设"功能，通过假设存在某个装配约束，使元件自动地被完全约束，从而帮助用户高效率地装配元件，如图 2.3.8 和图 2.3.9 所示。

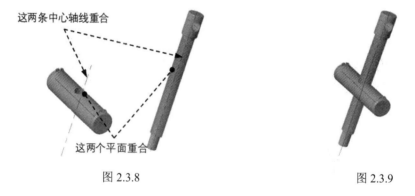

图 2.3.8   图 2.3.9

2.3.5 元件的复制

在 Creo 中，可以对完成装配后的元件进行复制，现需要对图 2.3.10 中的螺钉元件进行复制，复制完成后的效果如图 2.3.11 所示。

图 2.3.10   图 2.3.11

2.3.6　元件的阵列

与在零件模型中特征的阵列一样，在装配体中，也可以进行元件的阵列，装配体中的元件包括零件和子装配件。元件阵列的类型主要包括"参照阵列"和"尺寸阵列"。

在 Creo 中，元件"参照阵列"是以装配体中某一零件中的特征阵列为参照来进行元件的阵列。在图 2.3.12(c)中，六个阵列螺钉是参照装配体中元件 1 上的六个阵列孔来进行创建的，所以在创建"参照阵列"之前，应提前在装配体的某一零件中创建参照特征的阵列。

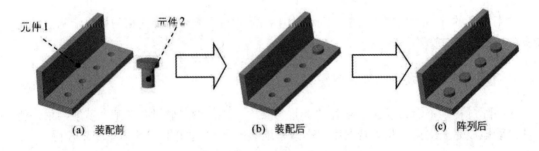

图 2.3.12

元件的"尺寸阵列"是使用装配中的约束偏距尺寸创建元件的阵列，所以只有使用诸如"距离"或"角度"这样的约束类型才能创建元件的"尺寸阵列"。创建元件的"尺寸阵列"，也要遵循"零件"模式中"特征阵列"的规则，如图 2.3.13 所示。

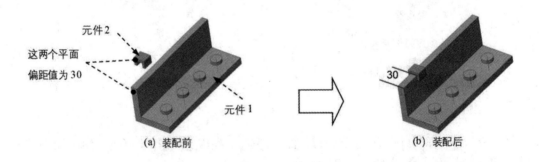

图 2.3.13

2.3.7　元件的修改

一个装配体完成后，可以对该装配体中的任何元件(包括零件和子装配件)进行下面的一些操作：元件的打开与删除、元件尺寸的修改、元件装配约束偏距值的修改以及元件装配约束的重定义等，这些操作命令一般从模型树中获取。选中所需元件后单击鼠标右键，弹出如图 2.3.14 所示的弹窗，根据需求选择对应项，对元件进行修改操作。

图 2.3.14

2.4　装 配 体 调 整

2.4.1　装配干涉检查

在实际的产品设计中，当产品中的各个零部件组装完成后，设计人员往往比较关心产品中各个零部件间的干涉情况：有没有干涉？哪些零件间有干涉？干涉量是多大？

点击选择"分析"→"检查几何"→"全局干涉"选项，在弹出的"全局干涉"界面(见图 2.4.1)可以解决这些问题，结果如图 2.4.2 所示。

图 2.4.1

图 2.4.2

2.4.2　装配体中的层操作

当向装配体中引入更多的元件时，屏幕中的基准平面、基准轴等显得太多，这就要用"层"的功能，将暂时不用的基准元素遮蔽起来，如图 2.4.3 所示。

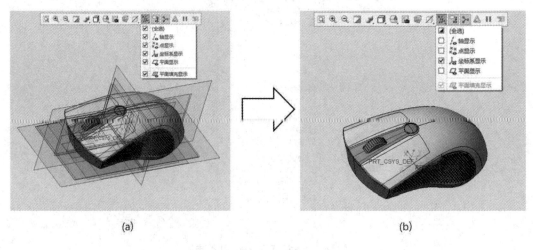

(a)　　　　　　　　　　　　　　　　(b)

图 2.4.3

2.5　模型的视图管理

2.5.1　定向视图

定向(Orient)视图功能可以将装配组件以指定的方位进行摆放，以便观察模型或为将来生成工程图做准备。单击如图 2.5.1 所示的"已保存方向"选项，选择对应视图方向即可调整视图。图 2.5.2 是装配体"shubiao.asm"定向视图的例子。

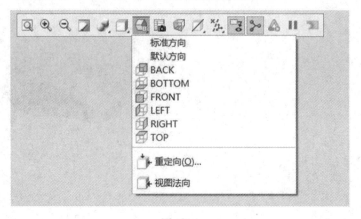

图 2.5.1

图 2.5.2

2.5.2　样式视图

样式(Style)视图可以将指定的零部件遮蔽起来，或以线框、隐藏线等样式显示。图 2.5.3 是装配体"shubiao.asm"样式视图的例子。

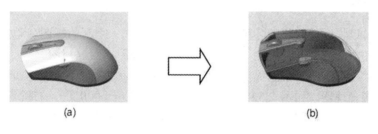

图 2.5.3

2.5.3　剖截面

剖截面(X-Section)也称 X 截面、横截面，它的主要作用是查看模型剖切的内部形状和结构。在零件模块或装配模块中创建的剖截面，可用于在工程图模块中生成剖视图。在 Creo 中，剖截面分两种类型：

"平面"剖截面：用平面对模型进行剖切，如图 2.5.4 所示。

"偏距"剖截面：用草绘的曲面对模型进行剖切，如图 2.5.5 所示。

图 2.5.4　"平面"剖截面　　　　图 2.5.5　"偏移"剖截面

2.5.4　简化表示

对于复杂的装配体的设计，存在下列问题：

(1) 重绘、再生和检索的时间太长；

(2) 在设计局部结构时，感觉图面太复杂、太乱，不利于局部零部件的设计。

为了解决这些问题，可以利用简化表示(Simplified Rep)功能，将设计中暂时不需要的零部件从装配体的工作区中移除，从而可以减少装配体的重绘、再生和检索的时间，并且简化装配体，如图 2.5.6 所示。

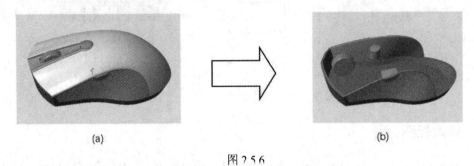

(a)   (b)

图 2.5.6

2.5.5 全部视图

全部视图可以将以前创建的各种视图组合起来，形成一个新的视图。例如，在如图 2.5.7 所示的全部视图中，既有分解视图，又有样式视图和剖面视图等视图。

点击选择"视图"→"模型显示"→"管理视图"→"视图管理器"选项，如图 2.5.8 所示，打开视图管理器，如图 2.5.9 所示，新建视图"Comb0001"，右键点击该视图，选择编辑定义选项，弹出如图 2.5.10 所示的弹窗，在此弹窗中可按要求对该视图进行修改。

图 2.5.7

图 2.5.8

图 2.5.9

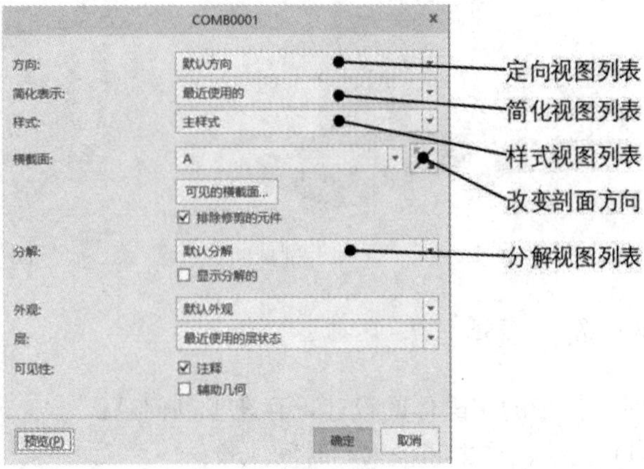

图 2.5.10

2.6 创建分解(爆炸)视图

2.6.1 分解视图

为了更好地展示产品，有时候需要把所有零件都分解开来，这便是分解图。装配体的分解(Explode)视图也叫爆炸视图，就是将装配体中的各零部件沿着直线或坐标轴移动或旋转，使各个零件从装配体中分解出来，如图 2.6.1 所示。分解视图对于表达各元件的相对位置十分有帮助，因而常常用于表达装配体的装配过程及构成。

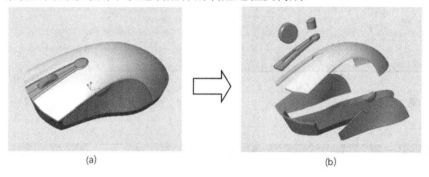

(a) (b)

图 2.6.1

2.6.2 自动分解图

点击选择"模型"→"模型显示"→"分解视图"选项，即可对装配体进行自动分解操作。

当按下自动分解时，装配文件就进入了分解状态(如图 2.6.2 所示)，通常情况下，自动分解得到的爆炸图并不能满足设计者的要求，往往需要手动进行调整。

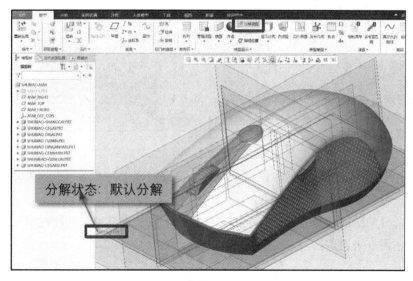

图 2.6.2

2.6.3 调整分解位置

点击选择"模型"→"模型显示"→"编辑位置"选项，弹出如图 2.6.3(b)所示弹窗，则表明已进入调整位置页面，此时可通过点击拖动对应轴调整各元件的位置，如图 2.6.4 所示。

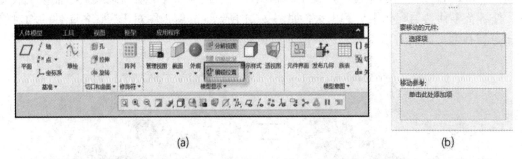

(a)   (b)

图 2.6.3

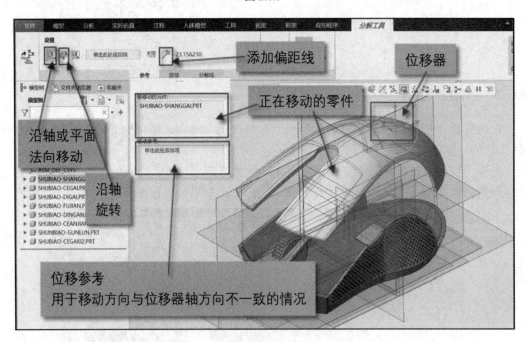

图 2.6.4

完成零件位置的调整后整体如图 2.6.5 所示，可根据需求对基准层进行隐藏或选择部分基准层显示，最终分解效果图如图 2.6.1 所示。

这是简单分解图的编辑。对于复杂的零件系统，或者需要展示的情况侧重不同时，就需要管理视图命令来设置。

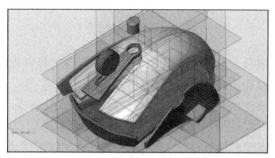

图 2.6.5

使用"分解工具"对话框可以通过设置运动类型、运动参照和运动增量等参数，对图中已分解的元件位置进行调整。"分解工具"对话框中这些参数的意义如下：

(1) 选取的元件：使用鼠标单击选取要移动的元件(通常在选取完运动参照后使用)。

(2) 运动类型：零件或组件的移动方式列表，它包括平移(平移元件)、复制位置(复制所选元件的分解位置)、缺省分解(将所选元件放置在缺省的分解位置)、重置(重置所选元件的位置)。通常选择"平移"类型。

(3) 运动参照：选取参照类型来定义方向，参照一般为轴线或直边。

(4) 运动增量：指定元件平移的尺寸增量。

(5) 位置：用来显示元件的位置变化大小。

点击选择"模型"→"模型显示"→"管理视图"选项，如图 2.6.6 所示。

图 2.6.6

进入视图管理器，如图 2.6.7 所示，视图管理器的操作与上述的方法基本一致，这里就不作过多介绍了。

图 2.6.7

2.6.4　添加偏距线

偏距线可以更好地展现分解图中零件间的关系，在创建分解视图时，为了体现装配元件之间的对应关系，可以通过创建偏距线来进行表示。

点击选择"模型"→"模型显示"→"编辑位置"选项，如图 2.6.4 所示进入编辑位置界面后，就可以对相应的零件增加偏距线，如图 2.6.8 所示。

图 2.6.8

打开偏距线窗口，如图 2.6.9 所示。选择首尾两个参考。

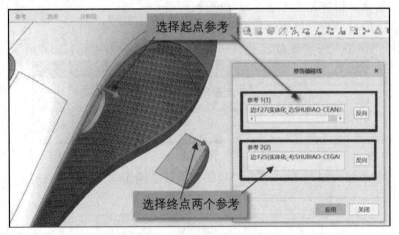

图 2.6.9

设置首尾后点击应用即可得到如图 2.6.10 所示的偏距线，为了美观起见，建议尽量采用中心轴等作为偏距线的参考。

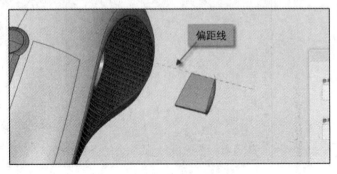

图 2.6.10

选择命令：单击"分解工具"操控板中的"分解线"按钮，然后再单击"创建修饰偏移线"按钮，如图 2.6.11 所示。

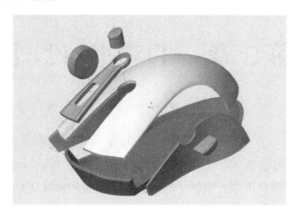

图 2.6.11

本 章 小 结

本章主要介绍了 Creo 中的零件装配的相关内容。首先介绍了零件装配的环境，包括装配文件和装配模型。然后详细讲解了基本装配约束，包括距离、角度偏移、平行、重合、法向、共面、居中、相切、固定和默认约束，以及零件变换和挠性约束的使用。接着介绍了装配模型的一般过程，包括新建装配文件、装配零件、使用允许假设、元件的复制和阵列、元件的修改等。随后讲解了装配体的调整，包括装配干涉检查和层操作。接下来介绍了模型的视图管理，包括定向视图、样式视图、剖截面、简化表示和全部视图。最后介绍了如何创建分解(爆炸)视图，包括分解视图、自动分解图、调整分解位置和添加偏距线。

在 Creo 中，零件装配是非常重要的一个环节，它能够帮助我们将各个零件组装成一个完整的产品。通过本章的学习，我们可以掌握基本的装配约束，了解装配模型的一般过程，学会装配体调整和模型的视图管理，同时也能够创建分解(爆炸)视图，帮助我们更好地理解产品的构造和设计。

课 后 练 习

在学习了本章的零件装配技术后，为了更好地掌握这些知识和技能，建议读者可以逐一尝试每种约束，进行零件装配，组装成一个完整的产品，并创建其分解图。

第3章 工程图设计

为了更好地对产品进行生产加工，设计人员需要输出模型的二维视图，这些视图通常被称为工程图。Creo 8.0 提供了一个名为"绘图"模块的工具，可以用来创建和编辑工程图。本章将详细介绍如何使用这　模块，包括创建、调整和标注工程图的方法。

3.1 工程图相关基础知识

工程图是将三维零件模型进行投影而生成的符合工程标准的平面视图。通过工程图，我们可以从不同方向展示零件的结构，如图 3.1.1 所示。

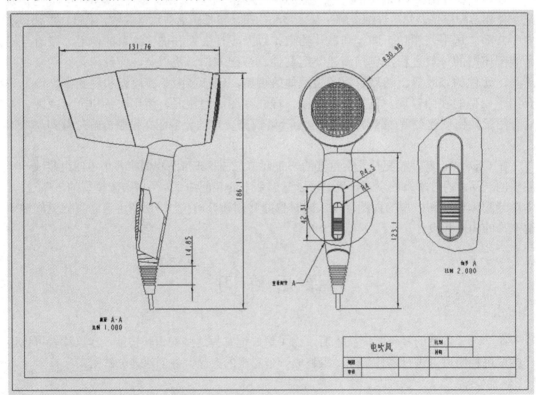

图 3.1.1

在 Creo 8.0 中，工程图与其三维模型基于同一个数据库，这意味着当用户修改模型或工程图时，另一方也会自动更新，这在一定程度上减少了工作量，提高了效率。这也是 Creo 8.0 相对于其他 CAD 软件的一个优势。通过这一特性，设计人员可以更加轻松地进行设计和修改，无须手动更新相关的图纸和文件。

工程图主要由视图和标注两种元素组成。其中，视图是指从不同的方向观看三维模型时得到的不同视角的平面效果图。一个工程图通常包含多个视图，常见的视图有普通视图、投影视图、详细视图、辅助视图和旋转视图等。根据可见范围的不同，又可将视图分为全视图(显示整个视图)、半视图(只显示参照面一侧的视图)、局部视图(只显示某个封闭区域内的视图部分)和破断视图(将视图中间的相同部分去掉，再将剩余部分合拢)。

另一方面，标注是关于工程图的说明性信息，通常包括尺寸标注、公差标注以及注释文字等。通过标注，工程图可以更加清晰地呈现零件的尺寸、形状和其他相关信息，以便工厂生产和组装时能进行准确的操作。

3.1.1 工程图的设计环境

工程图是在绘图模式下进行创建的。首先，让我们来了解一下工程图的设计环境。启动 Creo 8.0 后，单击系统工具栏中的"创建新对象"按钮，打开"新建"对话框，如图 3.1.2 所示。在"类型"栏中选中"绘图"单选按钮，在"名称名"文本框中输入工程图的名称，然后单击"使用默认模型"复选框，使其处于选中状态。最后，单击"确定"按钮即可进入绘图模式。

在弹出的"新建绘图"对话框(见图 3.1.3)中，用户可以指定工程图要使用的零件模型、绘图模板、图纸方向和图纸大小等选项，最后单击"确定"按钮即可进入工程图的设计环境。

图 3.1.2

图 3.1.3

Creo 8.0 提供的图纸模板主要遵循美国或欧洲的制图标准，尺寸单位包括毫米和英寸，然而这不一定符合我国的制图标准。另外，在国内各行业中还存在独立的标准。因此，在实际工作中，我们常常需要选中"格式为空"单选按钮，然后选择所需的图纸模板，以确保符合相关标准和要求。

工程图的设计环境如图 3.1.4 所示，主要由绘图工具栏、绘图区域和草绘工具栏组成。绘图工具栏包含各种绘图工具和功能，如线条、圆形、矩形等图形绘制工具，以及添加标注、文字等功能。绘图区域是我们实际绘制工程图的区域，边框代表图纸的边界，我们需要在这个区域内进行操作。草绘工具栏则提供了一些草绘和几何体工具，方便我们进行辅助设计和绘制。

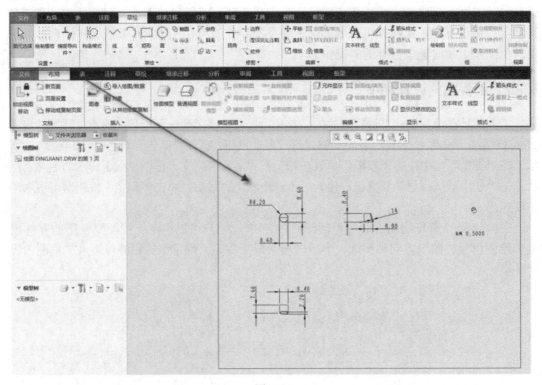

图 3.1.4

3.1.2　配置工程图的设计环境

工程图必须遵循一定的制作标准，这样才能保证其准确性和可读性。为了方便地设置工程图环境，Creo 8.0 将工程图的一些通用特征(如尺寸单位、文本高度、箭头样式、字体属性等)存储在一个配置文件(*.dtl)中。我们可以通过调用此类文件来快速设置工程图的设计环境，提高我们的工作效率。

在 Creo 8.0 的软件安装目录下的"text"文件夹中，我们可以找到许多配置文件(*.dtl)。其中包括"cns_cn.dtl"(中国大陆标准)、"cns_tw.dtl"(中国台湾标准)、"iso.dtl"(国际标准)、"jis.dtl"(日本标准)、"din.dd"(德国标准)和"prodetail.dtl"(软件默认标准)等。

本实例的目标是将"cns_cn.dtl"(中国大陆标准)设置为工程图的默认配置。通过使用该配置文件，我们可以快速设置工程图的各种属性和特征，以符合中国大陆的制图标准和要求。同时，我们也可以根据实际需要选择其他配置文件，以满足其他标准和要求。

具体的设置步骤如下：

(1) 选择"文件"→"选项"菜单，打开"选项"对话框，如图 3.1.5 所示。

图 3.1.5

(2) 打开"选项"后在左侧栏中选择"配置编辑器"的"drawing_setup_File"项，在下方的"值"文本框中可以看到系统当前调用的工程图配置文件的路径及名称(本实例为 Creo\Creo8.0.0.0\ Common Files\text\GB.dtl)。

(3) 单击"浏览"按钮，在弹出的"打开"对话框中，选取"text"文件夹下的"cns_cn.dtl"文件，然后依次单击"选项"对话框中的"添加更改"按钮和"确定"按钮，即可完成配置。

(4) 由于工程图配置文件"cns_cn.dtl"并不完全符合国家标准，因此还需将投影视角修改为我国采用的第一角画法：选择"文件"→"准备"菜单，打开"绘图属性"菜单栏，如图 3.1.6(a)所示(需先新建绘图文件，之后才能点击"准备"菜单)。

第一角画法(中国、俄罗斯等国家)规定：右视图位于前视图的左侧，俯视图位于前视图的正下方。

第三角画法(英、美、日等国家)规定：右视图位于前视图的右侧，俯视图位于前视图的正上方。

(5) 打开"绘图属性"后，选择"查找选项"后的"更改"，点击后如图 3.1.6(b)所示。

(6) 在图 3.1.6(b)中找到并选中"projection_type"项，然后在下方的"值"下拉列表中将其值设置为"first_angle"，并依次单击"添加/更改"按钮和"确定"按钮，由此即可将投影视角设置为第一视角。

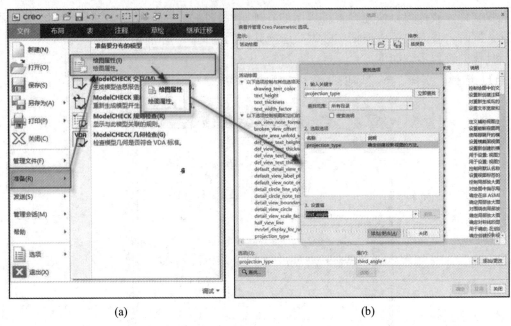

(a)　　　　　　　　　　　　(b)

图 3.1.6

3.1.3　标准图框制作

下面以标准工程图图框为例，介绍如何制作工程图的标准图框。

1. 标准 A4 工程图零件图图框

1) 创建

选择"创建新模型"→"新建"→"格式"菜单，选择"指定模板"为"空"，按所需绘制的图框大小确定"方向"与"大小"，然后点击"确定"，如图 3.1.7、图 3.1.8 所示。

图 3.1.7

图 3.1.8

2) 边的偏移

选择"草绘"→"边"→"偏移边",依次选择各侧边,如图 3.1.9 中右图所示,输入 10,表示向内偏移。

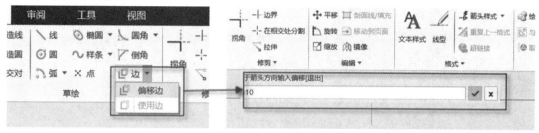

图 3.1.9

3) 修剪图框

各侧边偏移完成后如图 3.1.10 所示。选择"草绘"→"修剪"→"拐角",如图 3.1.11 所示。按提示选择需修剪的两条线,拐角工具会自动修剪,依次调整后如图 3.1.12 所示。

图 3.1.10

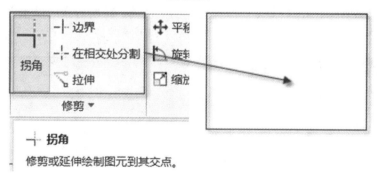

图 3.1.11

图 3.1.12

4) 标题栏绘制

选择"草绘"→"边"→"偏移边",按标准数据绘制标题栏,对边角处利用"拐角"工具切割,得到的结果如图 3.1.13 所示。

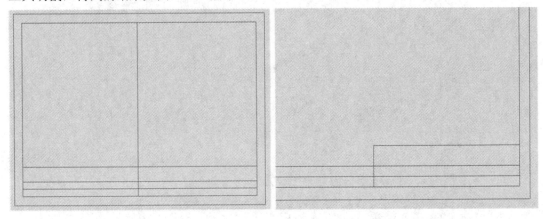

图 3.1.13

对于内部无法使用"拐角"工具进行切割删除的直线,选择"草绘"→"修剪"→"在相交处分割",按照提示选择两条相交直线,将所选直线以相交处为节点分为数小节,选择需要删除的部分点击删除,如图 3.1.14 所示。

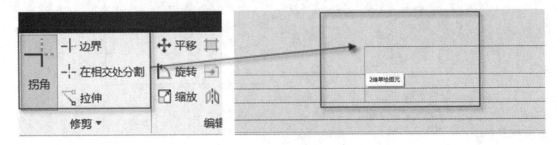

图 3.1.14

5) 图框细节调整

绘制完成的图框如图 3.1.15 所示，还需根据要求对线框线条进行粗细设置。

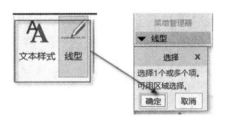

图 3.1.15   图 3.1.16

选择"布局"→"格式"→"线形"，按弹窗提示选择需改变线型的线条，使用[Ctrl]键进行多选，选择完成后点击"确定"，弹出如图 3.1.16 所示的修改界面。

将图框线宽设置为 0.5，如图 3.1.17 所示，其余线宽设置为 0.35，保存设置，即完成 A4 零件图图框的绘制，如图 3.1.18 所示。

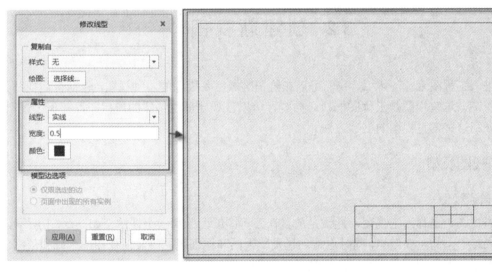

图 3.1.17   图 3.1.18

2. 标准 A3 工程图装配图图框

装配图需要较大的图纸幅面，通常使用 A3 大小的图纸绘制装配图图框。可以依照上述步骤，在零件图图框的基础上向上增加零件明细栏，根据装配体包含的零件个数自行增减，如图 3.1.19 所示，完成标准 A3 工程图装配图图框的制作。

图 3.1.19

3.2 创建新视图

在进入工程图设计环境后，我们可以在绘图区域插入模型的各种视图，包括普通视图、投影视图等。这些视图是工程图的核心内容，可以直观地呈现物体的形状、尺寸和位置。本节将介绍这些常见视图的创建方法。

3.2.1 视图类型

1. 普通视图

普通视图，也称为主视图，通常是放置在工程图纸上的第一个视图，如图 3.2.1 所示。它可以表达模型的主要结构，同时也是创建投影视图和详细视图等其他视图的基础和依据。在工程图中，普通视图通常呈现为模型的正视图、俯视图、左视图、右视图、前视图和后视图这 6 个不同视角，通过这些视角的组合和排列，可以更好地呈现物体的形状、尺寸和位置信息。

进入工程图设计环境后，首先需要选择"布局"→"普通视图"→"无组合状态"菜单，如图 3.2.2 所示。然后在绘图区域某处单击，普通视图会以默认方向(斜轴测方向)出现在单击位置，同时弹出如图 3.2.3 所示的对话框。在该对话框中，可以设置普通视图的名称、方向、比例和显示线型等参数。若不需要改变这些参数，则可以使用默认设置。设置完成后，点击"确定"按钮即可创建普通视图。

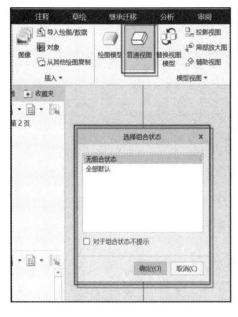

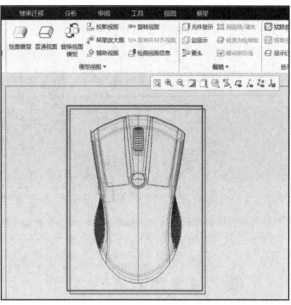

图 3.2.1 　　　　　　　　　　　　　　　　　图 3.2.2

1) 设置视图名称和方向

在"绘图视图"对话框的"视图类型"类别下，可以设置视图的名称和方向，如图 3.2.3 所示。要修改视图名称，可以在"视图名称"文本框中进行操作。而要定向视图，则需要在"视图方向"栏中进行选择。

定向方法包括以下 3 种：

(1) 查看来自模型的名称：从"模型视图名"列表和"默认方向"列表中，选取模型中已有的方向视图和系统预置的方向，以定向普通视图。若想自定义视图方向，则需指定模型绕 X 轴和 Y 轴旋转的角度。

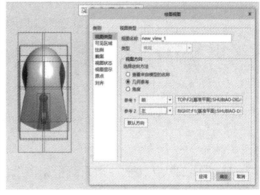

图 3.2.3 　　　　　　　　　　　　　　　　　图 3.2.4

(2) 几何参考：选择该方法时，下方将出现两个参考栏，从绘图区域中的预览模型上分别选取几何参考作为"参考 1"和"参考 2"，并设置参考的方位(例如"前"指定义参考向前，"后"指定义参考向后)，即可定向视图，如图 3.2.4 所示。

(3) 角度：选择该方法时，可利用下方出现的选项将视图绕屏幕法向、水平方向、垂直方向或某条边/轴旋转一定角度，以定向视图，如图 3.2.5 所示。

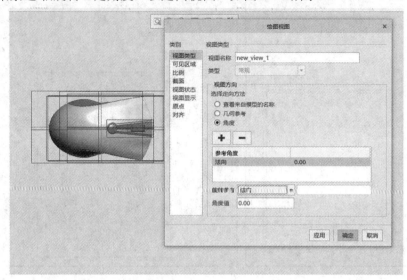

图 3.2.5

2) 设置视图的比例大小

视图的大小可在"绘图视图"对话框的"比例"类别下进行设置，如图 3.2.6 所示。比例设置方式有以下 3 种：

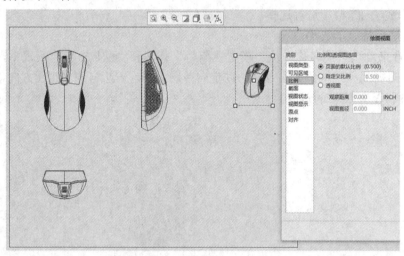

图 3.2.6

(1) 页面的默认比例：指系统根据图纸的尺寸和模型的尺寸自动确定视图的大小，可作为新比例的参考。

(2) 自定义比例：该项可以按照需要在右侧的文本框中输入一个比例值，从而改变视图的大小。通常所说的调整视图大小就是通过自定义比例来实现的。

(3) 透视图：指将视图设置为透视图，即通过指定模型空间中视图的观察距离(即焦距)和视图的直径来确定视图的大小。

3) 设置视图的显示

视图的显示样式可在"绘图视图"对话框的"视图显示"类别下进行设置，如图 3.2.7 所示。"显示样式"选项中共提供了 5 种样式。

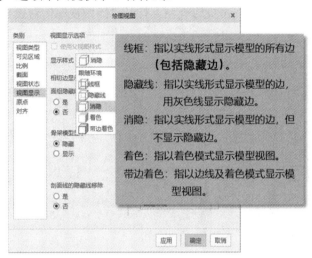

图 3.2.7

利用"视图显示"类别下的其他选项可以设置主视图中相切边的显示样式，以及特殊边线和曲线的关闭与显示等，此处不再详述。

2. 投影视图

若绘图区域只有一个视图，则系统默认选用该视图作为父视图；若绘图区域存在多个视图，则首先需要先选取一个视图作为父视图，然后才能放置投影视图。注意：投影视图的比例由其父视图决定，不能单独指定，并且只能位于父视图的水平线或垂直线上。

投影视图是一种正交投影的视图，它可以将父视图沿着水平或垂直方向进行投影而得到，如图 3.2.8 所示。投影视图可以位于父视图的上、下、左、右四个方位，常用来表达模型的外观特征。

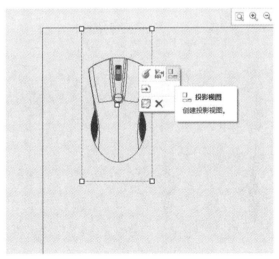

图 3.2.8

投影视图的创建方法非常简单。只需在绘图区域存在视图的情况下，选择"布局"→"投影视图"菜单，或者选中并单击父视图后，从弹出的快捷菜单中选择"插入投影视图"菜单项，然后沿着水平或垂直方向移动鼠标指针，在合适的位置单击即可放置一个投影视图，如图 3.2.9 所示。双击投影视图可打开"绘图视图"对话框，设置其名称和显示样式等。

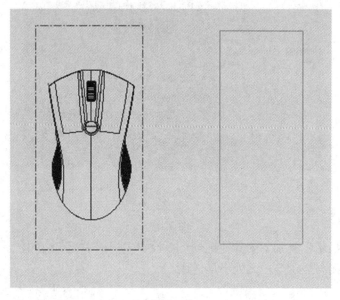

图 3.2.9

3. 详细视图

详细视图是指将模型视图的一小部分进行放大而得到的视图，也称局部(放大)视图，如图 3.2.10 所示，它能清楚地表达尺寸较小部位的详细信息。

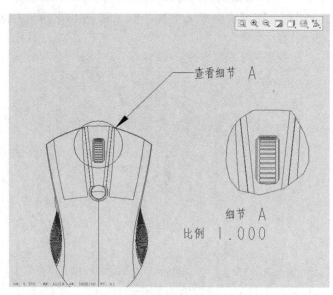

图 3.2.10

创建详细视图时，需要先选择"布局"→"局部放大图"菜单，然后在某个已有视图上选取一点作为放大区域的中心点，如图 3.2.11 所示。

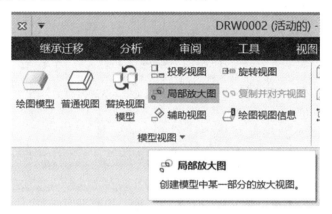

图 3.2.11

接下来在中心点的周围连续单击选取若干点，系统会用样条曲线自动连接这些点，形成放大区域的轮廓线，如图 3.2.12 所示，此时按一下鼠标中键可完成草绘，样条曲线变成圆形边界。最后在绘图区域某处单击，即可放置一个详细视图，如图 3.2.13 所示。

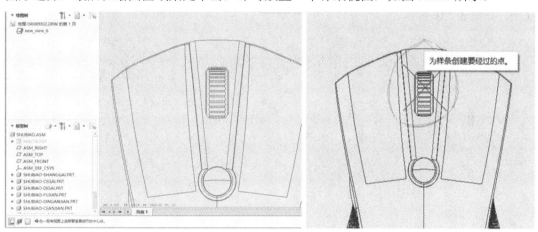

图 3.2.12   图 3.2.13

创建详细视图时需要注意以下两点：

(1) 默认情况下，详细视图的放大比例是其父视图的两倍，可以通过双击详细视图来打开其"绘图视图"对话框，从而自定义放大比例。

(2) 详细视图的边界实质上是由样条曲线决定的，而非父视图中的圆圈。父视图中边界的形状可以使用"绘图视图"对话框来设置，如圆、椭圆、样条等。详细视图的显示样式默认从属于父视图。

4. 辅助视图

辅助视图是将父视图沿着零件上某个斜面方向(非水平或垂直方向)进行投影而得到的视图，是一种特殊的投影视图，如图 3.2.14 所示。该视图常用来表达斜面的形状和大小，又被称为斜视图。

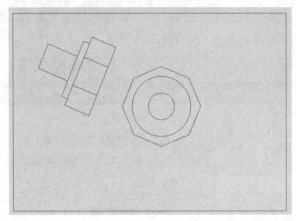

图 3.2.14

　　辅助视图的投影参考可以是父视图上的边、轴、基准平面或曲面。如果参考为基准平面，则必须垂直于屏幕平面。

　　创建辅助视图时，需要首先选择"布局"→"辅助视图"菜单，系统会提示选取参考以确定投影方向，可从已有视图上选取一条边(或其他参考)，如图 3.2.15 所示。此时鼠标指针周围会出现一个方框(代表辅助视图的预览位置)，在合适位置单击即可放置一个辅助视图，如图 3.2.16 所示。

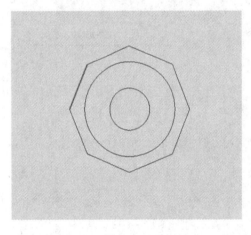

图 3.2.15　　　　　　　　　　　　　　　　　图 3.2.16

　　创建辅助视图时需要注意以下两点：

　　(1) 辅助视图的比例由其父视图决定，不能单独指定。

　　(2) 辅助视图只能沿着投影参考的法向放置。

5. 旋转视图

　　旋转视图是将现有视图的一个剖面绕切割平面的投影旋转 90° 而得到的视图，如图 3.2.17 所示。

　　创建旋转视图的关键是定义剖面。可以使用零件模型中已经创建的剖面，也可以在放置视图时即时创建一个剖面。旋转视图和剖面的不同之处在于它包括一条标记视图旋转轴(即切割平面投影)的中心线。

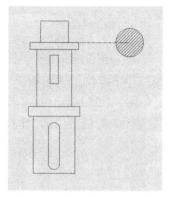

图 3.2.17

下面来看一个创建旋转视图的实例，具体步骤
如下：

(1) 启动 Creo 8.0，打开由零件 01 生成的工程图
"drw0001.drw" 文件，效果如图 3.2.18 所示。

(2) 选择"布局"→"模型视图"→"旋转视
图"菜单，系统提示选取旋转视图的父视图，可单击
绘图区域的已有视图；系统提示"选取绘制视图的中
心点"，在已有视图的右侧单击选取一点，弹出"绘
图视图"对话框和"横截面创建"菜单栏，如图
3.2.19 和图 3.2.20 所示。

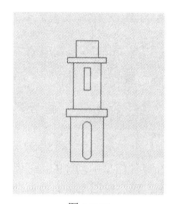

图 3.2.18

图 3.2.19

图 3.2.20

(3) 在"绘图视图"对话框的"截面"项中保持默认选项不变，在"横截面创建"菜
单栏中依次选择"平面"菜单和"单一"菜单，然后选择"完成"菜单。

(4) 在弹出的"输入横截面名称"文本框中输入"A"，然后单击"√"按钮，如图
3.2.21 所示。

图 3.2.21

(5) 在弹出的"设置平面"菜单栏下保持默认菜单"平面"不变，选取已有视图上的"TOP"基准平面作为切割平面，如图 3.2.22 所示；或在弹出的零件模型上单击切割平面，如图 3.2.23 所示，然后单击"绘图视图"对话框中的"确定"按钮。

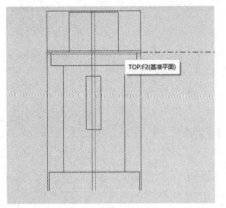

图 3.2.22

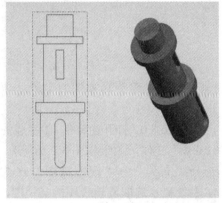

图 3.2.23

在零件模型中创建的剖面都包含在视图管理器中，如果在创建旋转视图的过程中定义了新的剖面，那么该剖面也会被自动添加到零件模型的视图管理器中，同时使零件模型得到更新。

3.2.2   导入工程图图框

首先，新建绘图文件并根据需要进行命名，然后勾选"使用默认模板"选项，并点击"确定"按钮。接着，在"指定模板"选项下，选择"格式为空"，在"格式"下拉菜单中浏览目录，找到对应图纸大小的图框文件，如图 3.2.24 和图 3.2.25 所示。打开选定的图框文件后，界面会显示如图 3.2.26 所示的图框。

图 3.2.24

图 3.2.25

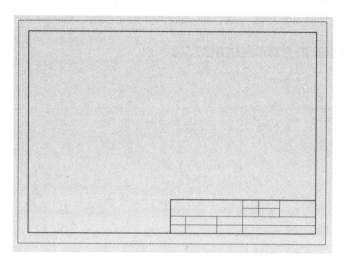

图 3.2.26

接下来，打开需要添加图框的绘图文件，并全选界面上的所有元素，点击"布局"→"编辑"→"转换为绘制图元"菜单，如图 3.2.27 所示，点击"完成"按钮，将界面上的所有元素按图 3.2.28 所示的步骤转换为绘制图元后保存文件，以便下一步的复制粘贴。

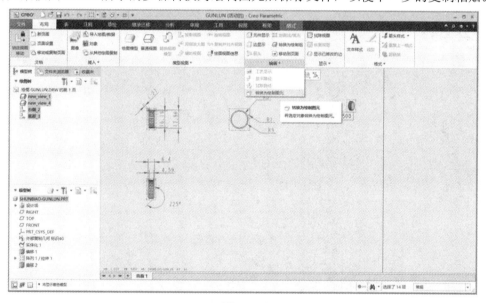

图 3.2.27

图 3.2.28

回到新建的绘图文件，在"布局"→"插入"→"从其他绘图复制"选项下，浏览并选择刚才保存后的绘制图元格式文件，并点击"打开"按钮，如图 3.2.29、图 3.2.30 所示。

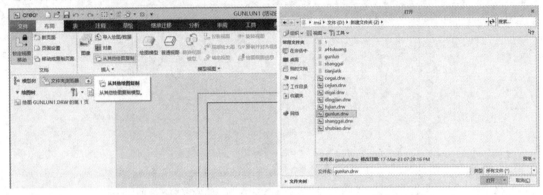

图 3.2.29　　　　　　　　　　　　　　　图 3.2.30

待文件打开后，全选页面上所有绘制图元，点击"详图项"→"绘制项"→"完成"菜单，按照提示选择中心点，将复制的图元粘贴到绘图文件中。这样添加图框的操作就完成了，如图 3.2.31～图 3.2.34 所示。

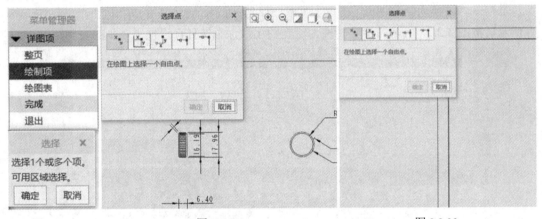

图 3.2.31　　　　　　　　　　图 3.2.32　　　　　　　　　　图 3.2.33

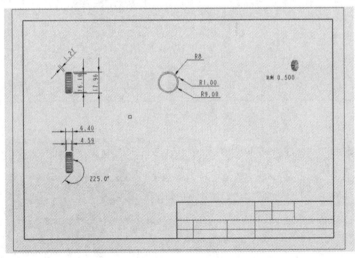

图 3.2.34

3.2.3 创建鼠标顶键的工程图

在学习了 5 种常见视图的创建方法后，下面做一个为鼠标顶键零件创建工程图的练习，以加深对普通视图和投影视图的理解。鼠标顶键零件的工程图效果如图 3.2.35 和图 3.2.36 所示。

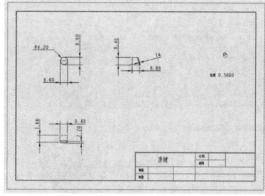

图 3.2.35   图 3.2.36

该工程图的创建思路为：首先利用"几何参考"定向方法创建零件模型的普通视图，并设置其比例大小和显示线型，然后创建此普通视图的水平投影视图和垂直投影视图。具体步骤如下：

(1) 启动 Creo 8.0，选择"文件"→"新建"菜单，打开"新建"对话框，如图 3.2.37 所示。在"类型"栏中选中"绘图"单选按钮，在"文件名"文本框中输入"922"，并取消"使用默认模板"复选框的选中状态，单击"确定"按钮。

图 3.2.37

(2) 在弹出的"新建绘图"对话框中，单击"浏览"按钮，弹出"打开"对话框，选择并打开鼠标零件模型"shubiao-dinganjian.prt"文件，选择"指定模板"栏里的"空"单选按钮，并单击"方向"栏里的"横向"按钮，在"标准大小"列表框中选择"A4"项，然后单击"确定"按钮进入工程图设计环境，如图 3.2.38 所示。

（3）选择"布局"→"普通视图"→"无组合状态"菜单，然后在要放置普通视图的位置单击，出现零件的斜轴测视图(此为系统默认设置)，如图 3.2.39 所示，同时弹出"绘图视图"对话框，在"视图名称"文本框中输入"T-view"。

图 3.2.38

图 3.2.39

（4）在"视图类型"类别下的"视图方向"栏中，选中"几何参考"单选按钮，如图 3.2.40 所示。保持参考 1 的类型为"前"不变，在预览模型上选取"TOP：F2(基准平面)"作为参考，此时参考 2 被激活，保持其类型为"上"不变，在预览模型上选取"FRONT：F3(基准平面)"作为参考，并单击"应用"按钮。

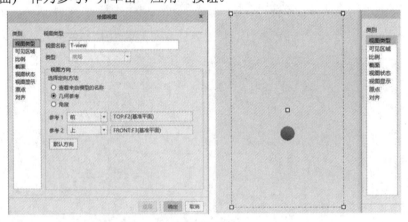

图 3.2.40

（5）在"绘图视图"对话框中，单击"类别"列表框里的"比例"项，打开"比例和透视图选项"操作界面，如图 3.2.41 所示。视图默认打开比例为 0.5，即将原视图大小缩小一半。为方便之后的绘图步骤，选中"自定义比例"单选按钮，在右侧的文本框中输入"1.0"，表示将视图大小还原为原始尺寸，然后单击"应用"按钮。

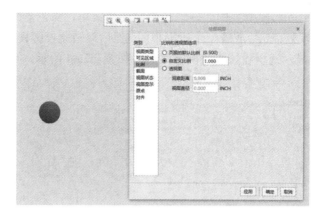

图 3.2.41

(6) 在"绘图视图"对话框中，单击"类别"列表框里的"视图显示"，打开"视图显示选项"操作界面，如图 3.2.42 所示。从"显示样式"下拉列表框中选择"隐藏线"项，表示模型的可见部分用黑线显示，不可见部分用灰线显示，然后单击"应用"按钮。

图 3.2.42

(7) 单击"绘图视图"对话框中出现的"确定"按钮，将其关闭，即可创建普通视图，如图 3.2.43 所示。

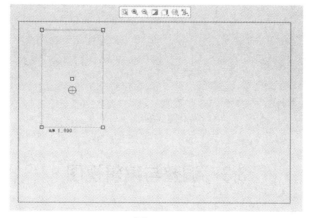

图 3.2.43

(8) 选择"布局"→"模型视图"→"投影视图"菜单，再沿着水平方向向右移动鼠标指针，在合适的位置处单击，放置一个投影视图。然后双击此投影视图，通过打开的"绘图视图"对话框将其显示线型设置为"隐藏线"，如图 3.2.44 所示。

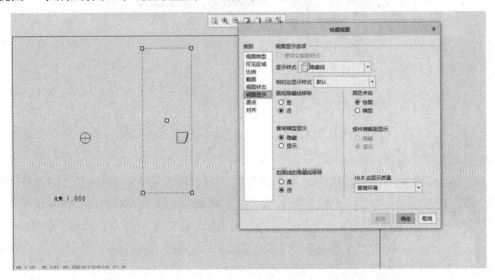

图 3.2.44

(9) 再次选择"布局"→"模型视图"→"投影视图"菜单(注意此时不要选中任何视图)，然后选取普通视图作为投影父视图，并沿着垂直方向向下移动鼠标指针。在合适的位置处单击，放置第二个投影视图，并将其显示线型设置为"隐藏线"，由此创建鼠标顶键工程图，最终效果如图 3.2.45 所示。

图 3.2.45

3.3 调整与编辑视图

在创建工程图的过程中，有时会出现视图放置位置不合理的情况。此时，用户可以对其进行移动，以调整视图的位置和布局，使其更加合理、准确。对于一些多余的视图，用户可以将其删除，以提高工程图的规范性和合理性。此外，为了更好地查看零件的内部结构，用户还可以将视图设置为剖视图。通过剖视图，用户可以在不拆卸零件的情况下，查看零件的内部结构和细节，从而更好地理解和把握整个零件的构造和功能。

3.3.1 移动视图

默认情况下，工程图中的视图位置是被锁定的，这是为了防止用户意外移动视图。因此，如果需要移动视图，首先需要解除视图的锁定状态。

具体方法如下：用户可以单击绘图工具栏中的"锁定视图移动"按钮，将其选中状态取消，如图 3.3.1 所示。另外，用户还可以在绘图区域右击，从弹出的快捷菜单中取消"锁定视图移动"菜单项的选中状态，如图 3.3.2 所示。

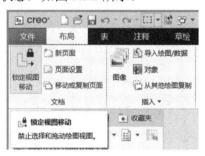

图 3.3.1

用户解除了视图的锁定状态后，单击要移动的视图，其周围会出现边框。此时按下鼠标左键并拖动视图，视图将会随之移动。将视图移动到合适的位置处并释放鼠标左键，视图的移动就完成了，如图 3.3.3 所示。

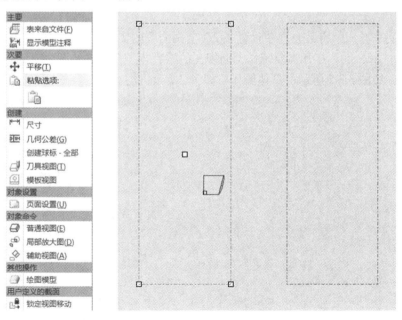

图 3.3.2   图 3.3.3

3.3.2 删除视图

对于多余或不妥当的视图，可使用以下方法将其删除：

(1) 选中要删除的视图，然后单击键盘上的[Delete]键。

(2) 选中并单击要删除的视图，从弹出的快捷菜单中选择"删除"菜单项。

(3) 如果删除的视图具有投影子视图，则其子视图会一并被删除。若想恢复删除的视图，可单击绘图工具栏中的"撤销删除"按钮。

3.3.3 设置剖面视图

剖面视图是通过切割零件模型得到的一种假想截面，其带有剖面线图案。该视图常用来表达零件的内部结构，可以是全剖视图、半剖视图或局部剖视图等不同形式，如图 3.3.4 所示。

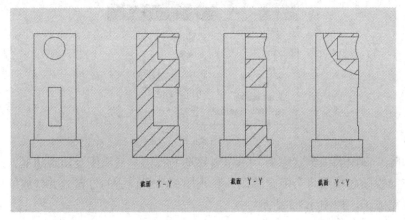

图 3.3.4

下面我们来看一个将某个视图设置成 2D 全剖面图的实例，具体步骤如下：

(1) 启动 Creo 8.0，打开需要制作剖面视图的零件模型，新建绘图，在绘图中添加零件的不同视图，如图 3.3.5 所示，具体操作可参考 3.2 节内容。

图 3.3.5

(2) 双击绘图区域的图，打开"绘图视图"对话框，并切换至"截面"类别，如图 3.3.6 所示。接着，选中"2D 横截面"单选按钮，并单击"+"按钮，将横截面添加到视图，此时会弹出"横截面创建"菜单栏，如图 3.3.7 所示。

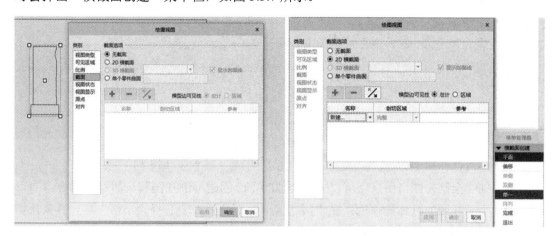

图 3.3.6　　　　　　　　　　　　　　图 3.3.7

(3) 在"横截面创建"菜单栏下，依次选择"平面"菜单和"单一"菜单，最后选择"完成"菜单。

(4) 如图 3.3.8 所示，在弹出的"输入横截面名称"文本框中输入"Y"，然后单击"√"按钮。

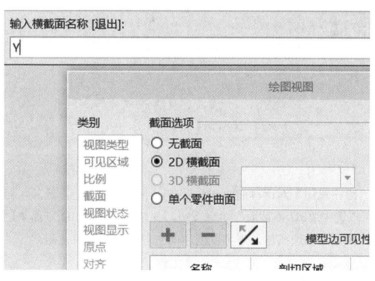

图 3.3.8

(5) 系统提示选择平面或基准平面，此时需要选取"FRONT"平面作为切割平面(建议从模型树中选取)，即可创建 Y 剖面，如图 3.3.9 所示。

(6) 在"绘图视图"对话框中，保持"剖切区域"列表框中的"完全"选项不变，单击"确定"按钮，即可创建完全剖视图，最终效果如图 3.3.10 所示。

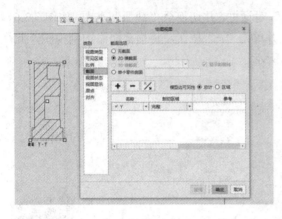
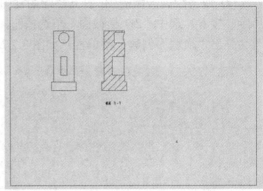

图 3.3.9　　　　　　　　　　　　　　　　　图 3.3.10

　　除了创建全剖视图，用户还可以采用类似的方法创建半剖视图和局部剖视图等。

　　创建半剖视图的具体操作为：在"剖切区域"下拉列表中选择"半倍"项，并依次指定对称切割平面和保留侧，如图 3.3.11 所示。

　　创建局部剖视图的具体操作为：在"剖切区域"下拉列表中选择"局部"项，然后指定封闭边界的中心点，并用样条曲线绘制封闭的边界，如图 3.3.12 所示。

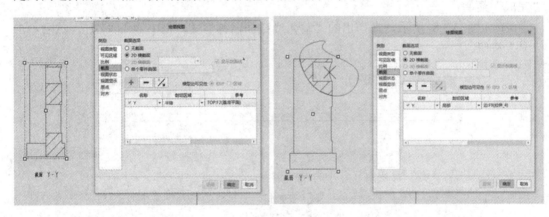

图 3.3.11　　　　　　　　　　　　　　　　　图 3.3.12

　　此外，在"绘图视图"对话框的"截面"类别下，还有其他可选项。若零件模型中存在 3D 截面，可以选中"3D 横截面"单选按钮，并选择对应的 3D 剖面来创建剖视图。若选中"单个零件曲面"单选按钮，则可以创建单个零件曲面的剖视图。

3.3.4　创建鼠标的剖视图

　　在学习了移动和删除视图的基本方法之后，接下来将介绍如何设置剖面视图。以鼠标剖视图为例，设置后的视图效果如图 3.3.13 所示。

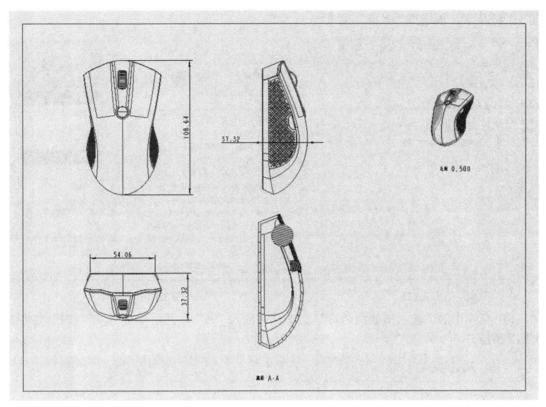

图 3.3.13

要创建一个局部剖视图来表达模型的内部结构，需要先创建一个剖切平面来将模型切开，然后在当前视图上选取一个中心点，并用样条曲线绘制出局部区域的封闭边界，最终得到局部剖视图。

(1) 启动 Creo 8.0，打开鼠标模型，如图 3.3.14 所示。

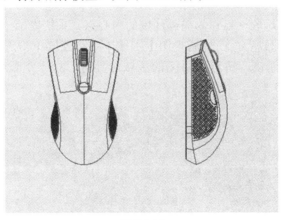

图 3.3.14

(2) 双击绘图区域的普通视图，打开"绘图视图"对话框，并切换至"截面"类别下，如图 3.3.15 所示，选中"2D 横截面"单选按钮，并单击下方的"+"号按钮添加 2D 横截面。

(3) 在弹出的"横截面创建"菜单栏下，依次选择"平面"菜单和"单一"菜单，如

图 3.3.16 所示，再选择"完成"菜单。

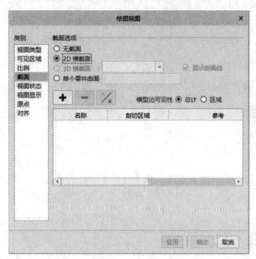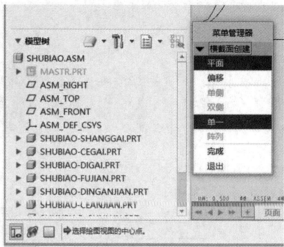

图 3.3.15　　　　　　　　　　　　　　　　图 3.3.16

(4) 在弹出的"输入横截面名称"文本框中输入"A"，然后单击"√"按钮，如图 3.3.17 所示。

图 3.3.17

(5) 系统提示选取平面或基准平面，选取"FRONT"基准平面作为切割平面(建议从模型树中选取)，由此创建一个新剖面"A"。

(6) 从"剖切区域"列表框中选择"局部"项，如图 3.3.18 所示，系统提示"选取截面间断的中心点"。

(7) 从普通视图上选取一点作为局部区域的中心点，系统提示"草绘样条，不相交其他样条，来定义一轮廓线"，在普通视图上围绕中心点连续单击选取一系列点，系统自动使用样条曲线进行连接，待形成封闭的区域边界时，按一下鼠标中键，如图 3.3.19 所示。

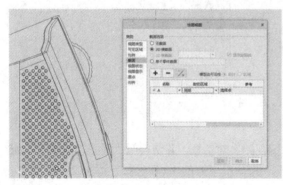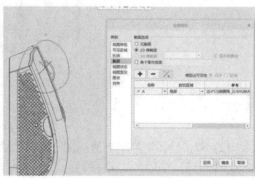

图 3.3.18　　　　　　　　　　　　　　　　图 3.3.19

(8) 单击"绘图视图"对话框中的"确定"按钮，即可创建局部剖视图，如图 3.3.20 所示。

双击剖视图的剖面线，可以打开"修改剖面线"菜单栏，如图 3.3.21 所示，利用该菜单栏下的选项可以修改剖面线的间距、倾斜角度以及线条样式等。

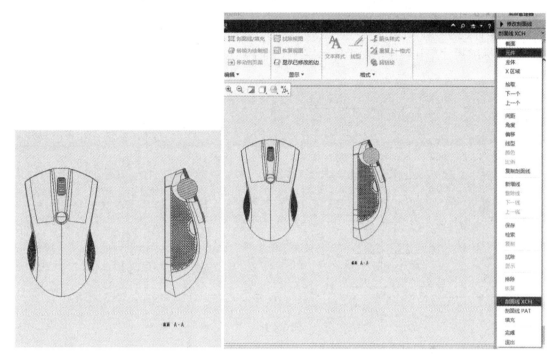

图 3.3.20   图 3.3.21

3.4   标注视图尺寸

标注是工程图中不可或缺的组成元素，主要由尺寸、公差和注释文字等组成。它的作用是向工程人员提供详细的尺寸信息、精确参数和关键指标说明等内容，以确保产品的质量和标准化。在工程图中，标注可以用来指示零件的大小、形状和位置等，为制造和装配提供准确的指导。同时，标注还可以用来传递设计者的意图和设计理念，为产品的改进和优化提供参考。

在工程图中，尺寸通常分为 4 种类型，包括驱动尺寸、标准尺寸、参考尺寸和坐标尺寸，如图 3.4.1 所示。这些尺寸类型在工程图中扮演着不同的角色，用于指示零件的不同特征和关键参数。

(1) 驱动尺寸：是依赖于模型的边、顶点、轴等而建立的尺寸，它能够驱动模型的大小和形状。这种尺寸由系统自动标注，但也可以根据需要进行修改，修改后将自动更新模型。

（2）标准尺寸：是被模型驱动的尺寸，采用手动标注，只能显示，不能修改，因此不能反向驱动模型。这种尺寸是工程图中主要标注的尺寸，用于标示零件的标准尺寸和公差范围，对制造和装配非常重要。

（3）参考尺寸：是仅用作参考、不驱动模型大小的尺寸，它可以用来指示其他尺寸的相对位置和大小，为工程人员提供更多的信息和参考。

（4）坐标尺寸：由 X、Y 坐标尺寸组成，是便于数控加工而采用的另一种尺寸标注形式。它可以与标准尺寸相互转换，用于标示零件上的坐标位置，以方便于制造与装配的定位和对位。

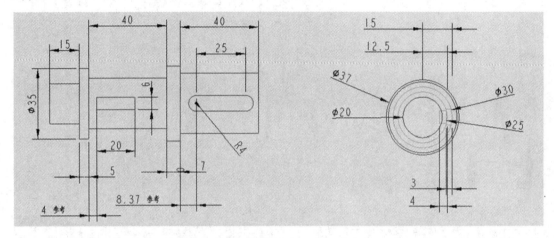

图 3.4.1

尺寸的标注可以通过系统自动标注或手动标注来完成。如果需要自动标注视图的尺寸，可以单击需要标注尺寸的视图，选择"显示模型注释"按钮，如图 3.4.2 所示。

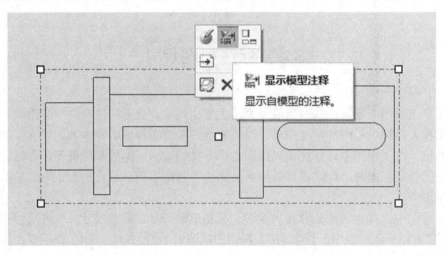

图 3.4.2

点击"显示模型注释"按钮后会出现如图 3.4.3 所示的弹框，根据需要选择自动标注尺寸的类型，并勾选需要显示的尺寸标注。选择完成后，点击"应用"按钮可以立即预览标注效果，如图 3.4.4 所示，点击"确定"按钮后完成自动标注。

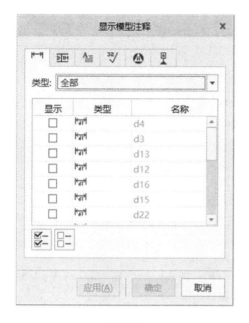

图 3.4.3   图 3.4.4

　　尽管系统自动标注能够提高工作效率，但是有时候自动标注的尺寸并不符合规范，如图 3.4.5 所示，可能会出现尺寸重叠的现象。为了解决这个问题，用户可以通过单击视图上的尺寸文本，将其拖动到合适位置来调整尺寸分布，如图 3.4.6 所示。

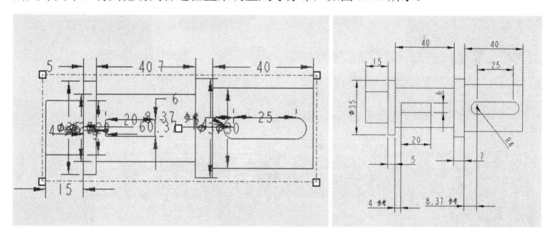

图 3.4.5   图 3.4.6

3.5   形成产品工程图册

3.5.1   零件图工程图

　　本章使用的鼠标模型共由 7 个零件装配组成，其余 6 个零件(侧盖、侧键、底盖、附件、滚轮和上盖)的工程图如图 3.5.1～图 3.5.6 所示。

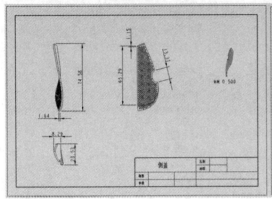

图 3.5.1

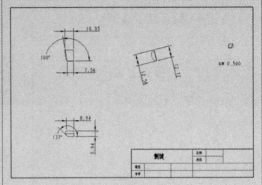

图 3.5.2

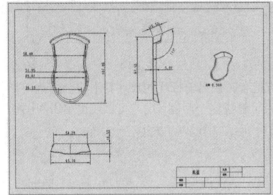

图 3.5.3

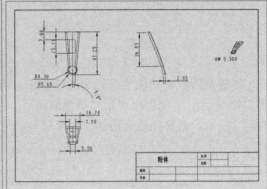

图 3.5.4

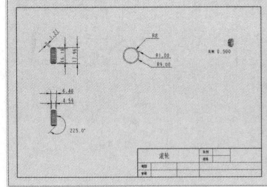

图 3.5.5

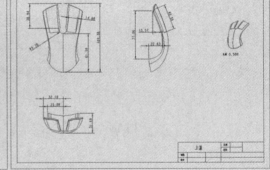

图 3.5.6

3.5.2　装配图工程图

鼠标模型的装配工程图如图 3.5.7 所示。

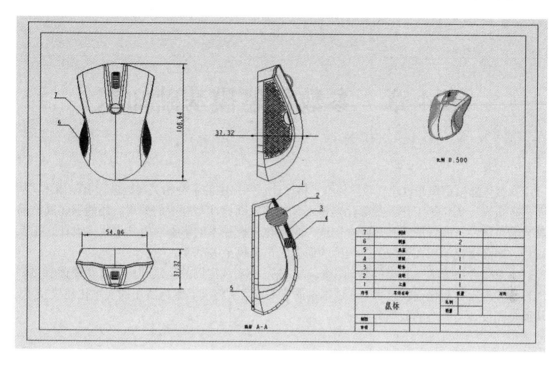

图 3.5.7

本 章 小 结

本章主要介绍了如何创建、移动和删除普通视图与投影视图等基本视图，以及如何设置剖面图、标注工程图尺寸、设置尺寸公差和添加注释等内容。通过创建鼠标零件工程图、顶面剖视图和标注装配图的工程图等实例，学生可加深对所学知识的理解和巩固。在学习过程中，我们应重点掌握前 3 种基本视图的创建方法，并能够按照工业设计要求对工程图进行布局调整、尺寸标注和文字注释，以确保工程图的准确性和可读性。通过本章的学习，我们可以更好地理解工程图设计的基本原理和方法，并为今后的工程实践打下坚实的基础。

课 后 练 习

应用本章所学知识，创建产品模型并为其创建完整的工程图，其中包括普通视图、投影视图和详细视图，并标注其尺寸和公差，添加注释性文字等。

第 4 章 参数化建模基础知识

参数化建模是指通过建立数学模型，将设计与制造中的各种相关参数进行量化描述，从而进行仿真、优化等工作。参数化建模不仅能够提高设计与制造的效率，还能够提高产品质量和可靠性，降低成本和风险。因此，参数化建模技术的掌握对于从事机械设计、工艺规划、产品优化等相关领域的工程师和研究人员来说至关重要。

本章将介绍参数化建模的基础知识，并通过电吹风实例的建模和修改，帮助读者更好地理解和应用参数化建模技术。通过本章的学习，读者将能够掌握实用的参数化建模技术，从而提高设计与制造的效率和质量。

4.1 参数化建模的基础知识

4.1.1 参数化的曲面设计和建模

参数化建模有两大核心点：第一是模型设计的参数化，第二是数据的合理继承。

参数化设计(Parametric Design)是一种基于参数化模型的设计方法，它通过定义一组参数和形式化的关系来描述产品的几何形状和特征，并通过对参数进行调整来实现对产品设计的快速修改和优化。在参数化设计中，设计师可以通过修改参数的数值、添加或删除参数等方式轻松地进行设计方案的调整和优化，从而提高计算机辅助设计的效率和质量。参数化设计几乎在所有的 CAD 软件中均可实现。

数据的继承(Inheritance of data)是在不同模型或者零件之间，允许子特征从父特征中继承参数和属性。具体来说，当一个特征被创建时，它可以继承其父特征的参数和属性，也可以添加自己的参数和属性。这样，子特征可以使用其父特征的参数和属性，从而减少设计工作量，并且可以避免错误和冗余的设计工作。数据的继承也可以理解为数据的共享和分发，零件间有了数据的共享分发，也就有了继承关系，理清继承关系，是参数化设计和建模的关键。

某电子产品如图 4.1.1 所示，我们可以简单分析出构成它的零件。例如，屏幕镜片为零件 A，摇柄上的按键为零件 B，诸如此类。那么零件 A、B、C、D、E 之间的关系是怎样的呢？

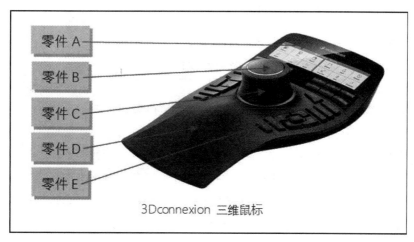

图 4.1.1

简单来说，零件 A 与零件 D 存在着装配关系，二者的曲面特征和尺寸要互相配合，零件 B 与零件 C 也存在这样的装配关系。依次对其他零件逐一分析，便能得到这个产品的零件关系，如图 4.1.2 所示。

在零件关系中需要区分出零件的主次(即继承关系)，比如设定零件 B 的数据来自零件 C，二者便产生了继承关系，即零件 B 继承了零件 C 的数据(反之亦然)。经过逐一设定，便能规划出零件的整体继承关系，如图 4.1.3 所示。

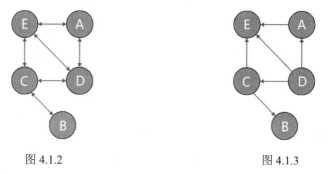

图 4.1.2   图 4.1.3

在实际工作中，由于各种原因，有时候很难对零件的继承关系进行清晰的梳理。特别是在项目庞大、人员众多、反复修改的情况下，往往会出现零件之间直接或间接互相继承的情况，这种情况下的继承关系往往是错误的，如图 4.1.4 所示。

图 4.1.4

参数化模型一旦出现零件之间互相继承的情况，就会导致零件之间的相互依存关系变得混乱和不清晰，增加了产品设计和制造的难度和风险，使模型在设计时非但不能享受到参数化的便利，反而会面临软件崩溃的风险。其次，错误的继承关系还可能导致产品设计的不稳定和不可靠，进而影响产品的品质和性能。

为了解决这个问题，参数化设计与建模中引入了"总控零件"的概念。即在设计中，人为地设置一个继承层级最高、用于给其他零件提供分发特征和数据的零件(记作零件 S)，通过这个零件来构建继承关系，如图 4.1.5 所示。在 Creo 中，这个总控零件就是骨架，如果使用的软件没有该功能，也可以通过人为设定一个零件来实现类似的功能。

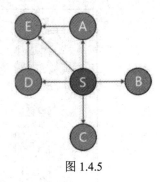

图 1.4.5

通过引入总控零件，可以有效地解决零件之间互相继承的问题，确保参数化模型的稳定性和可靠性，同时，这种方法还可以简化参数化设计与建模的过程，提高工作效率和准确性。因此，在实际工作中，建议尽可能采用总控零件的方式来构建继承关系，以确保参数化设计与建模的顺利进行。

4.1.2 骨架文件及文件系统规划

总控文件/骨架(Skeleton)是用于给其他零件提供分发特征和数据的基础结构，也是项目的第一个零件，在整个项目零件体系中，骨架是无质量非实体的(即不参与项目的分析模拟，诸如质量体积评估、热力分析等)，如图 4.1.6 所示。它是设计中继承层级最高的零件，用于构建和维护零件之间的继承关系，确保参数化模型的稳定和可靠。

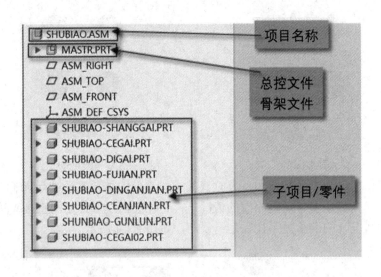

图 4.1.6

总控文件通常包含了设计中的主要参考平面、坐标系、公差等信息，以及各个零件之间的约束关系。在设计过程中，其他零件会通过继承总控文件中的特征和数据，从而构建出自身的特征和尺寸，以有效地减少设计重复性，提高工作效率和准确性。

当开启一个设计、建模项目时，可以通过总控文件来搭建全局观念。这个全局观念包括对项目整体的规划、对子项目的规划，也包括设计建模的整体思路规划，这些规划落实到实际操作中，便形成了文件系统。

在实际应用中，总控文件通常是一个独立的文件，可以单独对它进行维护和管理。同时，总控文件还可以被用于设计变更的管理和控制，通过修改总控文件，可以实现对整个设计的统一变更和更新。

4.2　实例——电吹风的参数化建模

本节我们以电吹风的参数化建模为例，详细介绍参数化曲面建模的思路。通过这个例子，可以更好地理解 4.1 节中介绍的抽象概念，同时可以复习 Creo 基础内容。

首先，需要分析一下电吹风的特点。电吹风外形如图 4.2.1 所示。

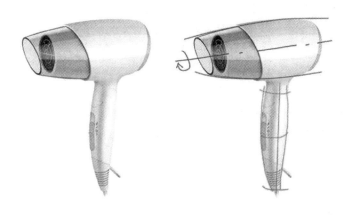

图 4.2.1

从图 4.2.1 中可以看出，电吹风的头部是一个回转体，只需要确定它的弧线截面和旋转轴，便能做出头部的曲面。而手柄部分则可以通过前、后两条轨迹线，采用扫描的方式来构建。完成这两部分后，我们将它们连接起来，并添加细节，便可以完成建模工作。

其次，我们需要规划一下这个模型在软件坐标系中的位置，这看起来似乎不是很重要，但实际上会影响到建模的效率和工作量。通过观察可以发现，如果将红色的电吹风头部曲面的旋转轴放在软件默认的坐标系上，将会极大地方便建模工作，否则就需要创建更多的参考和基准了。

4.2.1　创建项目的文件系统

首先新建装配体，然后创建项目并命名为 dianchuifeng，如图 4.2.2 所示，点击"确定"即可完成创建过程。

请尽量使用字母文件名，因为 CAD 或 CAID 软件对中文的支持不太好，特别是在复杂的路径或文件名下。

图 4.2.2

接下来点击选择"模型"→"元件"→"创建"选项，如图 4.2.3 所示。

图 4.2.3

然后创建骨架文件并命名为 mastr，创建方法选择"从现有项复制"，最后点击"确定"完成创建过程，如图 4.2.4 所示。

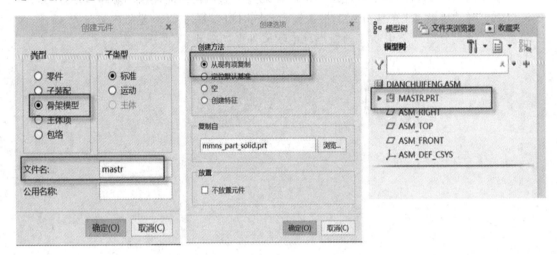

图 4.2.4

在创建骨架文件后，可以规划一些重要的子项目或零件，但如果没有这样的前瞻性也不要紧，尤其电吹风这个例子相对简单，可以暂时不做详细的零件规划。

CAD 或 CAID 软件不太稳定，因此请务必随时保存文件，以防数据丢失。

4.2.2　描绘电吹风的轮廓

为了描绘电吹风的轮廓，首先需要打开"mastr.prt"文件，并将参考图导入其中。由于"mastr.prt"是项目的总控文件，因此项目的主要参数和数据都应该放在这个文件中，以便其他零件继承。

点击选择"视图"→"模型显示"→"图像"选项，如图 4.2.5 所示。

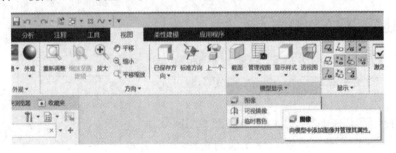

图 4.2.5

在导入参考图之前最好对图像进行简单的编辑(用 PS 等软件)，如图 4.2.6 所示。

如可以把产品旋转至最佳角度将更利于建模，切掉图片上的留白，调整尺寸使其与产品大小一致。

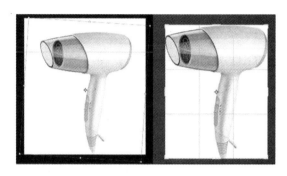

图 4.2.6

点击选择"文件"→"图像"→"导入"选项，选择贴图的基准面(例子中选择 RIGHT 基准面)，并插入图片，如图 4.2.7 所示。

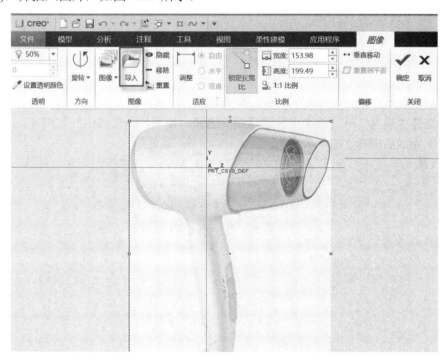

图 4.2.7

切换视图为侧视图，调整图片大小以实现 1∶1 显示(以产品的实际尺寸为准，例中图片高度设置为 180 mm，因图片为近似轴侧图，宽度方向保持原图比例即可)。可以通过调整图片上的控制柄(方形点用于位移和缩放，圆形点用于旋转，按[Shift]键锁定比例或常用角度)来移动、缩放或旋转图片，将图片放置于合适的位置上。

然后就可以开始描绘轮廓了。点击选择"模型"→"基准"→"草绘"选项，如图 4.2.8 所示。

图 4.2.8

选择贴图的基准面(RIGHT 基准面)进行草绘，使用圆弧工具绘制如图 4.2.9 所示的轮廓，绘制完成后点击"确定"。

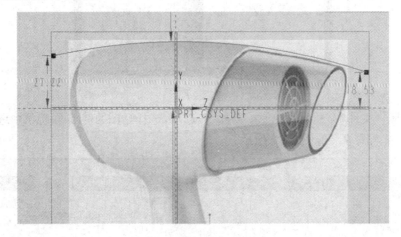

图 4.2.9

点击选择"模型"→"基准"→"草绘"选项，使用样条工具绘制如图 4.2.10 所示的轮廓，绘制完成后同样点击"确定"。

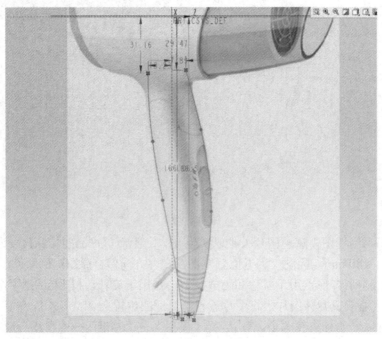

图 4.2.10

4.2.3　电吹风头部曲面建模

要进行电吹风头部曲面建模，首先需要点击选择"模型"→"形状"→"旋转"选项，如图 4.2.11 所示。

图 4.2.11

点击选择"曲面"选项，如图 4.2.12 所示，并选择 RIGHT 基准面，进入草绘(或点击"放置"面板草绘项的"定义"按钮，下略)。

图 4.2.12

在草绘中选择基准面板的中心线，并绘制在水平基准上；然后选择投影工具，点击已绘制的头部轮廓线，如图 4.2.13 所示。

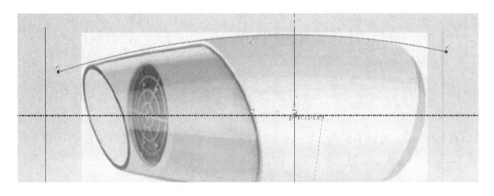

图 4.2.13

在 Creo 草绘截面中，中心线工具有两个：一个在"基准"面板，另一个在"草绘"面板。基准面板的中心线工具用于绘制旋转轴，草绘面板的中心线工具用于绘制各种辅助线、对称轴。在只有一条中心线的情况下，二者可以混用，但当既需要旋转轴，又有多条对称轴时，二者不能混用，即基准面板的中心线优先用作旋转轴，且只能有一条。

绘制完成后点击"确定"，这样电吹风的头部曲面就绘制完成了，如图 4.2.14 所示。

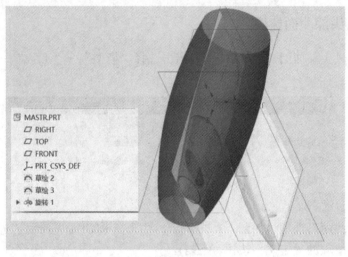

图 4.2.14

　　在骨架中，还需要把头部的关键特征曲面做出来，即三个拉伸面。为此，需要点击选择"模型"→"形状"→"拉伸"选项，如图 4.2.15 所示。

图 4.2.15

　　选择类型为"曲面"，深度选择"对称"，如图 4.2.16 所示，并选择 RIGHT 基准面进入草绘。

图 4.2.16

使用直线工具绘制如下线段，如图 4.2.17 所示，并在绘制完成后点击"确定"。

图 4.2.17

重复上述步骤，绘制前后端面的曲面，如图 4.2.18 所示。

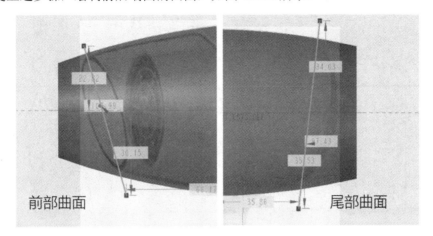

图 4.2.18

完成头部曲面的绘制后，整个建模过程就完成了，如图 4.2.19 所示。

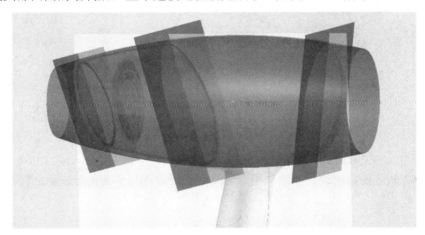

图 4.2.19

4.2.4　电吹风手柄曲面建模

进行电吹风手柄曲面建模，首先需要点击选择"模型"→"形状"→"扫描"选项，
如图 4.2.20 所示。

图 4.2.20

选择类型为"曲面"，选项选择"可变截面"，然后选择手柄的两条轮廓线作为轨迹
(先选前侧线，再按[Ctrl]键选后方第二条线)，如图 4.2.21 所示。

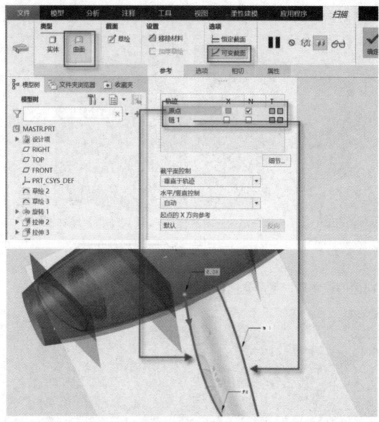

图 4.2.21

先选的曲线为主轨迹线，次选的为约束轨迹线。在扫描过程中，截面主要沿着主轨迹线运动，约束轨迹线起约束截面的作用。通常建模时会选择主要能反映曲面特征的轮廓线作为主轨迹线。

在扫描界面中点击截面中的"草绘"按钮，进入草绘。使用圆工具，绘制圆形截面，并注意圆形要约束于两条轨迹线，如图 4.2.22 所示，绘制完成后点击"确定"，回到扫描界面。

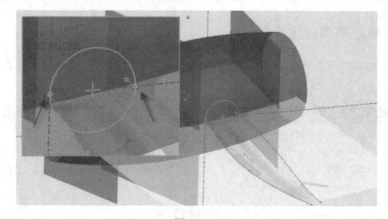

图 4.2.22

可切换选项中的"恒定截面"和"可变截面"，并体会二者的区别，如图 4.2.23 所示。

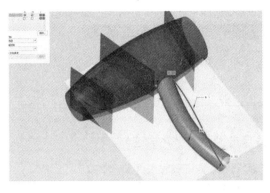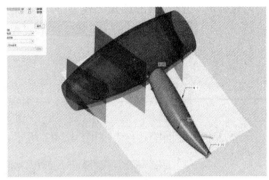

恒定截面   可变截面

图 4.2.23

选择"可变截面"后点击"确定",就完成了手柄曲面的建模,如图 4.2.24 所示。

图 4.2.24

4.2.5 连接头部与手柄的曲面

为了连接头部与手柄,需要切出相贯轮廓,然后使用边界混合进行连接。在开始之前,需要先检查头部和手柄的曲面情况,如果发现手柄曲面有些短时,则先对手柄曲面进行延伸,如图 4.2.25 所示。

图 4.2.25

延伸时，首先点击选择"模型"→"编辑"→"延伸"选项，如图 4.2.26 所示。

图 4.2.26

选择手柄曲面的边缘，如图 4.2.27 所示，并点击"确定"完成延伸。

图 4.2.27

在 Creo 中，如果要选择单个元素，只需直接用鼠标左键点击即可。如果需要选择两个或更多元素，则需要按下[Ctrl]键。例如，在上述扫描时，如果要选取两条以上的曲线作为轨迹，则需要按下[Ctrl]键。

但是，若某个元素是由多个部分组成的，例如一条曲线由多个线段组成时，在这种情况下，则需要按下[Shift]键。

例如，在上面提到的延伸过程中，要选择多个线段时，可按照以下步骤进行：首先用鼠标左键选择其中一段线段(如图 4.2.28 左图所示)；然后按下[Shift]键，并将鼠标放在其余线段上(如图 4.2.28 中图所示)，此时线段会变为红色；最后，再次单击左键以完成选择(如图 4.2.28 右图所示)。

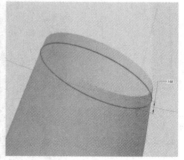

图 4.2.28

电吹风头部由白色塑胶件和透明亚克力件组成，需要保留一个头部曲面以备后续使用。

因此，需要对它进行偏移操作以作备份(也可以使用复制功能)。

要进行偏移操作，需先点击"模型"→"编辑"→"偏移"选项，如图 4.2.29 所示。

图 4.2.29

在 Creo 中，类似电吹风头部曲面这样的旋转面是以面组形式存在的，如图 4.2.30 所示，它分为左右两部分(其中一部分人为区分为绿色)。因此，在对这种由多个曲面组成的面组进行偏移时，需要先明确是对曲面进行偏移还是对面组进行偏移。

如果要对面组进行偏移，则需要切换选择的筛选方式为"面组"，如图 4.2.30 所示。

完成选择工作后，为避免麻烦，对初学者而言，建议提前把筛选方式切换回"几何"方式。

图 4.2.30

选择电吹风头部曲面，设置偏移量为 1.80，如图 4.2.31 所示。

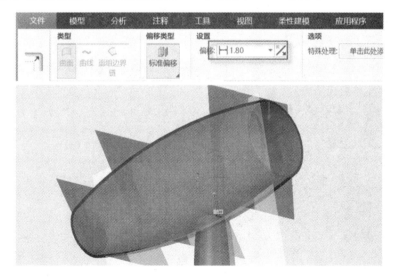

图 4.2.31

接下来正式开始切出相贯轮廓，点击选择"模型"→"形状"→"拉伸"选项，选择
"曲面"类型，并设置选择"移除材料"。面组选择电吹风头部曲面，选择 RIGHT 基准面
进草绘模式，然后使用圆弧工具绘制如图 4.2.32 所示的曲线。

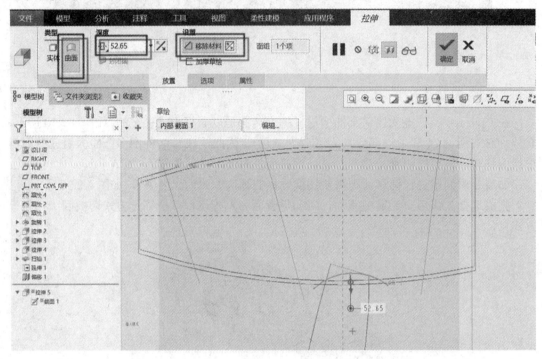

图 4.2.32

完成选择后，调整拉伸数值，使头部曲面完全被切穿，如图 4.2.33 所示，并点击"确
定"完成拉伸。

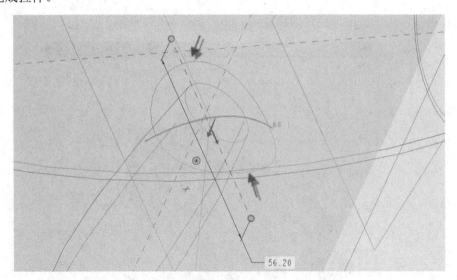

图 4.2.33

重复上述步骤，绘制曲线以切除手柄上端，如图 4.2.34 所示。

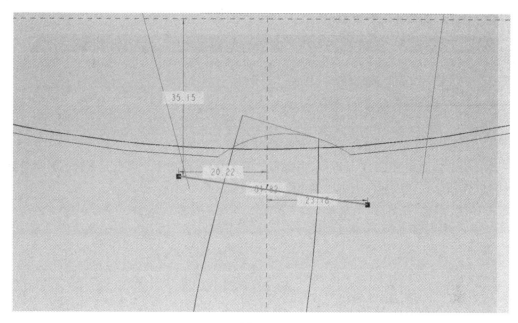

图 4.2.34

完成后如图 4.2.35 所示。

图 4.2.35

接下来需要绘制连接头部和手柄曲面的边界线。

要绘制边界线，首先需要提取头部和手柄相关的边界线，以便于设置边界线的约束。需要注意的是，有时候这些边界线是现成的，但在电吹风这个例子中，头部曲面和手柄曲面都是面组，因此需要提取它们的边界线。

提取边界线可以使用相交工具，即求取两个面的交线，点击选择"模型"→"编辑"→

"相交"选项, 如图 4.2.36 所示。

图 4.2.36

选择头部曲面和 RIGHT 基准面, 并求取二者的交线(选择两个以上元素时, 按[Ctrl]键), 如图 4.2.37 所示, 完成后, 点击"确定"按钮。

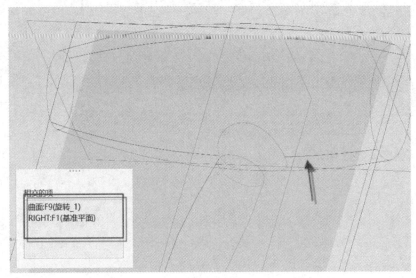

图 4.2.37

重复上述方法, 选择手柄曲面与 RIGHT 基准面, 并算出另一组交线, 如图 4.2.38 所示。

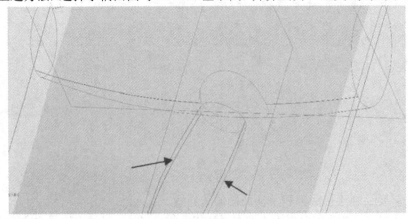

图 4.2.38

如果在上面没有切回"选择筛选"方式, 那么这里选择的是面组(即头部曲面选到的是整个旋转曲面组), 当然这并不影响对交线的提取工作。

边界线提取完成后的结果如图 4.2.39 所示(绿色线)。

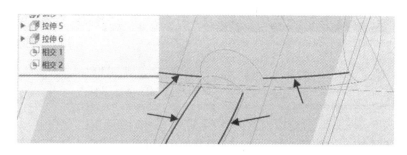

图 4.2.39

接下来就是绘制连接曲面的边界线，点击选择"模型"→"基准"→"草绘"选项，选择 RIGHT 基准面进入草绘，然后选择前面的交线作为参考，用样条线绘制如图 4.2.40 所示的曲线。

图 4.2.40

特别注意的是，曲线的四个端点需要设置相切约束，如图 4.2.41 所示，完成后，点击"确定"按钮。

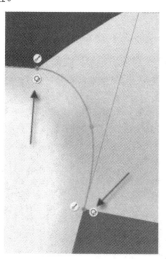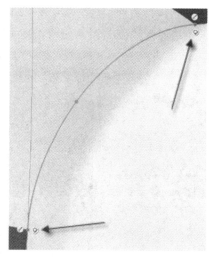

图 4.2.41

准备工作完成后，接下来可以使用边界混合来构建连接曲面。点击选择"模型"→"曲面"→"边界混合"选项，如图 4.2.42 所示。

图 4.2.42

分别选取两个方向的控制曲线，如图 4.2.43 所示(可以使用[Ctrl]键来多选元素)。

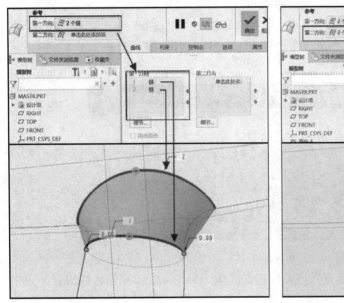
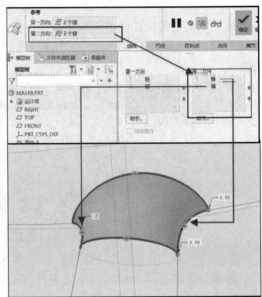

图 4.2.43

需要设置四条边界的约束关系，如图 4.2.44 所示。

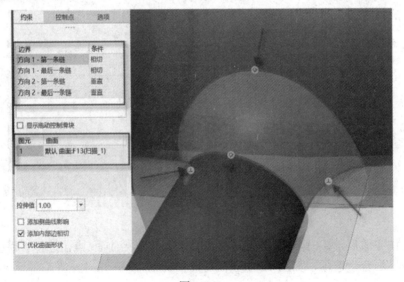

图 4.2.44

可以直接右键点击边界线上的图标来调整约束关系。但是当边界线相邻两个以上的曲面时，需要在菜单里确认约束关系是否指向正确的曲面。具体检查方法如图 4.2.44 所示。

点击"确定"按钮完成后，头部曲面与手柄曲面就连接在一起了，如图 4.2.45 所示。

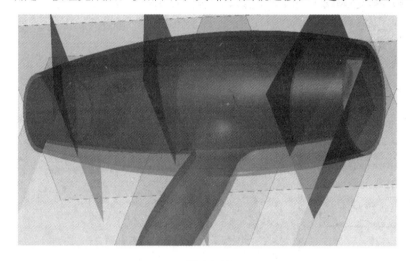

图 4.2.45

把这个边界曲面镜像即可，点击选择"模型"→"编辑"→"镜像"选项，如图 4.2.46 所示。

图 4.2.46

镜像工具是虚的，无法直接点取，其原因是需要在操作前先选择需要镜像的曲面，类似情况亦然。

选择边界混合的曲面，点取镜像工具，选择 RIGHT 基准面作为镜像平面，如图 4.2.47 所示，点击确定完成镜像。

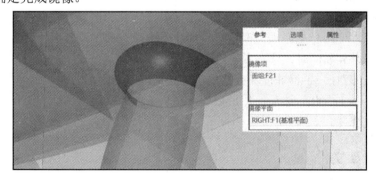

图 4.2.47

接下来需要把相关曲面作必要的合并，点击选择"模型"→"编辑"→"合并"选项，如图 4.2.48 所示。

图 4.2.48

选择边界面和镜像面进行合并，设置合并选项为"联接"，如图 4.2.49 所示。

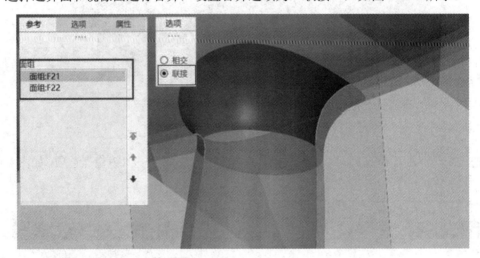

图 4.2.49

合并是把独立的曲面(或者面组)合并成面组的工具。生成的面组继承的是合并中第一选择曲面的属性，比如曲面名称、序号等。

这一点在新建模型时无关紧要，但在修改模型时需特别注意，如果在选择两个曲面合并时不小心调换了选择的顺序，将会导致继承错误。因此，在选择两个曲面进行合并时，最好养成固定的建模习惯，比如始终先选择边界面再选择镜像面(反之亦可)，坚持这一点，可以减少错误。

另外，需要注意合并选项中"相交"和"联接"的区别。相交选项用于两个曲面需要修剪的情况；而联接选项用于多个曲面无需修剪直接合并的情况。虽然在大多数情况下，第二种情况也可以使用相交选项，但这样做的后果是，在模型刷新时，莫名出错的状况非常多，因此建议合并曲面时，选择联合选项免留后患。

接下来将头部曲面、手柄曲面和连接二者的边界混合曲面组合并在一起。点击选择"模型"→"编辑"→"合并"选项，然后依次选择头部曲面、连接曲面和手柄曲面，最后点击"确定"完成合并。

4.2.6 完成骨架文件

尽管电吹风的主要曲面已经完成了，但还需要完善骨架文件，把模型的其他必要特征和公共数据也加入进去。这样，在进行零件化时，其他文件就可以继承这些数据了，设计将更加方便。

零件特征一：护线软胶的特征曲面。

首先点击选择"模型"→"形状"→"拉伸"选项，类型选择"曲面"，深度选择"对称"，在 RIGHT 基准面上绘制所需的曲线，如图 4.2.50 所示。

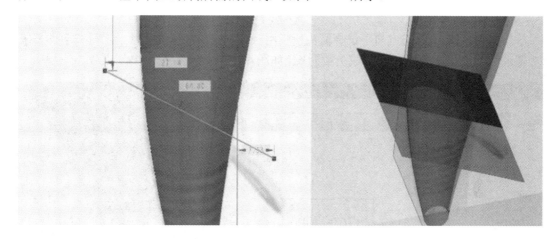

图 4.2.50

接下来是软胶凹槽的特征，在这里，我们将使用阵列功能。首先，我们先创建第一个凹槽的曲面特征，点击选择"模型"→"形状"→"拉伸"选项，类型选择"曲面"，深度选择"对称"，选择 RIGHT 基准面进入草绘，绘制所需的曲线，如图 4.2.51 所示。

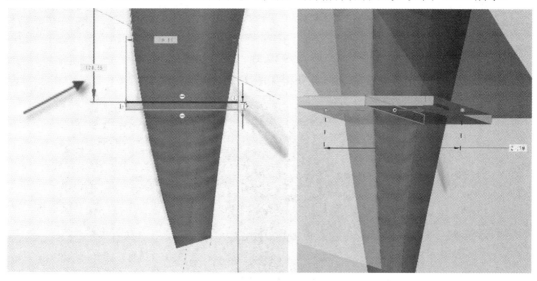

图 4.2.51

在尺寸阵列截面上，需要提前预留一个尺寸标注，以便确定阵列的方向(如上图绿色尺寸)。初学者可以通过"修改"工具来测试该尺寸对图形的控制，这是避免阵列错误的方法。

完成第一个拉伸特征后，选择该特征并点击选择"模型"→"编辑"→"阵列"选项，如图 4.2.52 所示。

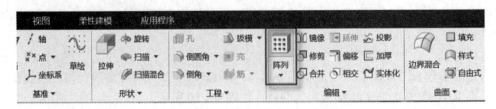

图 4.2.52

进入阵列后，"第一方向"选择箭头所指用于控制矩形高度的尺寸，增量 2.7(即每隔 2.7 毫米沿尺寸方向复制一个)，成员数为 6，如图 4.2.53 所示。

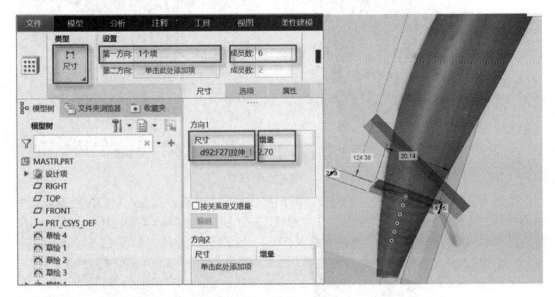

图 4.2.53

最后，点击"确定"完成阵列，并获得如图 4.2.54 所示的结果。

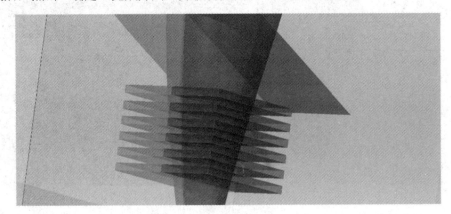

图 4.2.54

零件特征二：推钮的轮廓特征曲面。

首先，我们来绘制推钮的导槽曲面。点击选择"模型"→"形状"→"拉伸"选项，类型选择"曲面"，选择 FRONT 基准面，然后在草图模式下，绘制所需的曲线，做出相应的曲面，如图 4.2.55 所示。

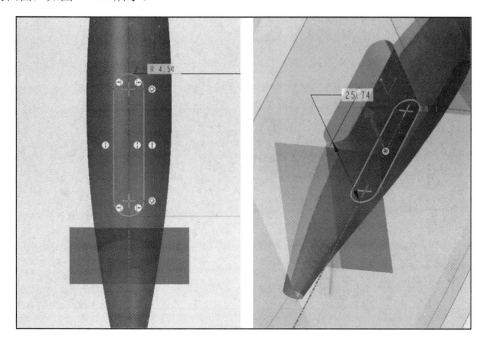

图 4.2.55

　　接着，需要绘制推钮导槽底部的曲面。为了使底面更贴合手柄，需要先找出推钮导槽轮廓的曲线，以此线约束该底面。点击选择"模型"→"编辑"→"相交"选项，选择手柄面组与刚才拉伸的导槽曲面，算出二者的交线，如图 4.2.56 所示。

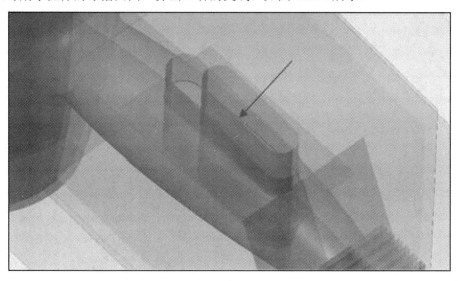

图 4.2.56

　　接下来再次点击选择"模型"→"形状"→"拉伸"选项，类型选择"曲面"，深度选择"对称"，选择 RIGHT 基准面，进入草图模式，以上一步得到的交线为参照，绘制曲线，拉伸出推钮凹槽的底面，如图 4.2.57 所示。

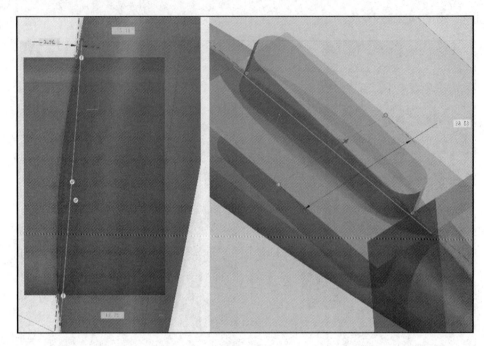

图 4.2.57

完成了轮廓的曲面后，接下来需要绘制推钮本身的曲面。

点击选择"模型"→"形状"→"拉伸"选项，类型选择"曲面"，选择 FRONT 基准面，进入草绘模式，绘制所需曲线，做出相应的曲面，如图 4.2.58 所示。

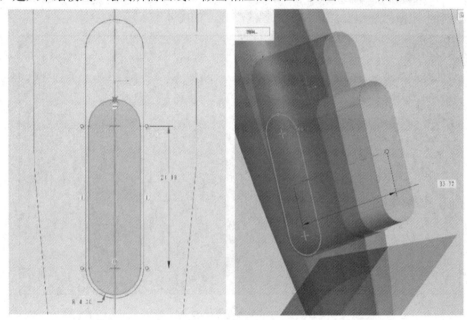

图 4.2.58

点击"确定"完成，并保存骨架文件。完成后的骨架文件如图 4.2.59 所示。

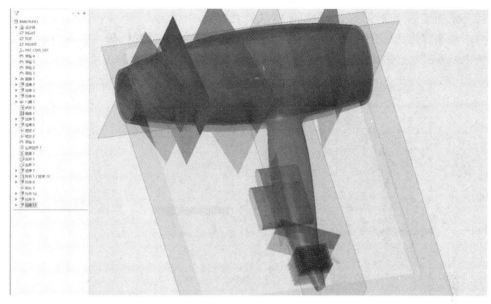

图 4.2.59

　　简而言之，骨架文件大致包括总体空间声明、模型的主要曲面和主要特征以及多个零件共享的数据(如推钮部分的曲面)。

　　骨架文件不应包含过于细节的数据和特征，比如一些只在零件化时才做的圆角等细节；也不应包含无关共享和分发的数据，比如例子中电吹风的细节都不应涉及(除非认为必要)。

　　当然，骨架文件也非一蹴而就的，如果在后续建模中发现了错误或缺失了某些曲面或数据，仍可以不断修改和增补的。但是，骨架文件是参数化建模的核心文件，对其特征的编辑，特别是删改，要非常慎重。

4.2.7　创建第一个零件

　　骨架文件创建完成后，接下来需要进行数据的分发和模型的完善。如果软件仍停留在骨架文件中，请关闭骨架文件并返回到项目总装文件，如图 4.2.60 所示。

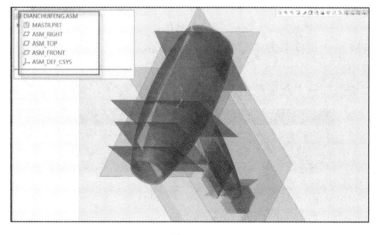

图 4.2.60

接下来创建第一个零件，这里以电吹风外壳为例。

点击"新建"选项创建新元件，类型选择"零件"，子类型选择"实体"，输入零件名称为"waike"，点击"确定"，选择"从现有项复制"，如图 4.2.61 所示。

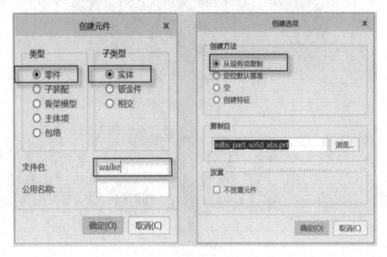

图 4.2.61

选择默认的装配模式，如图 4.2.62 所示。

图 4.2.62

接下来的操作是把数据分发给零件。打开"waike.prt"文件，把涉及外壳的曲面从骨架文件中导入其中。

点击选择"模型"→"获取数据"→"复制几何"选项，如图 4.2.63 所示。

图 4.2.63

取消"内容"选项里的"发布几何"选项，如图 4.2.64 所示。

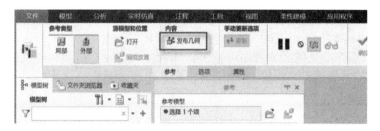

图 4.2.64

"发布几何"选项用于涉及多个工程师协作完成一个项目时，为了让其他工程师明确骨架文件中哪些数据可以继承，哪些数据不能继承而设置的该选项。

具体使用方法是，在骨架文件中设置"发布几何"的内容("菜单"→"模型"→"模型意图"→"发布几何")；其他工程师提取数据时，使用"复制几何"("菜单"→"模型"→"复制几何")，选择"发布几何"，即可将发布了的数据导入模型(非发布数据无法导入)。

接下来，点击选择"参考模型"项后方的"打开"按钮，在弹出的窗口中找到骨架文件"mastr.prt"，选择默认的放置方法，如图 4.2.65 所示。

图 4.2.65

然后在曲面集小窗口中选择电吹风外壳的曲面(可按[Ctrl]键多选)，如图 4.2.66 所示。

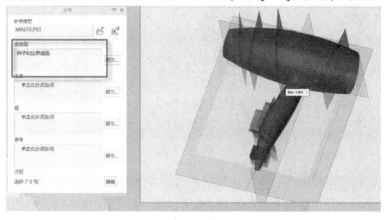

图 4.2.66

对于已经合并面组的选择，首先点选该面组上任意曲面，按[Shift]键再次点击即可选择全部面组曲面。

此外，如果零件涉及的面或者面组较多，或者并未合并，虽然软件支持一次导入多个面组(按[Ctrl]键可以多选)，但对初学者而言，还是建议按面组分多次导入，这可以避免在模型修改时发生继承错误。

最后，点击"确定"完成操作。这样就将电吹风外壳的曲面从骨架文件导入到新的零件中了，如图 4.2.67 所示。

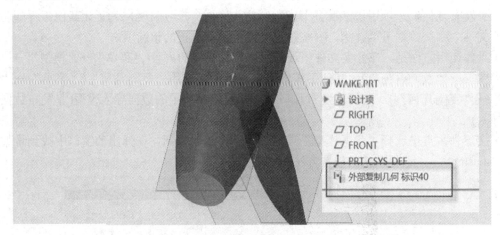

图 4.2.67

重复上述过程，依次导入与壳体相关的其他曲面，如图 4.2.68 所示。

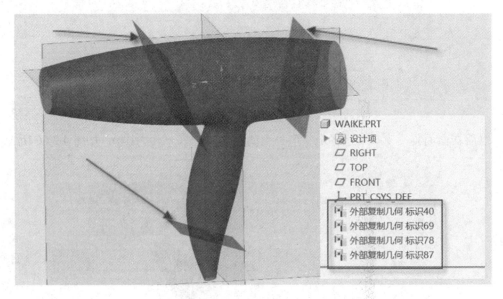

图 4.2.68

然后将这些相关曲面合并。点击选择"模型"→"编辑"→"合并"选项，这里使用相交的合并方式，要特别注意合并的方向，箭头方向为保留曲面方向，如图 4.2.69 所示，点击"确定"完成合并操作。

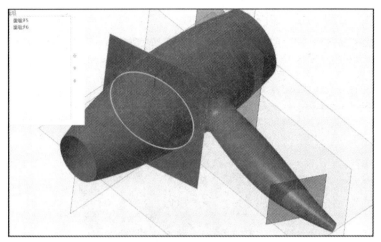

图 4.2.69

如法炮制，将另外两部分的曲面也进行合并，合并完成后如图 4.2.70 所示。

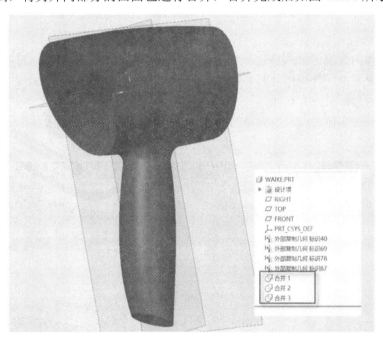

图 4.2.70

接下来需要将合并后的面组实体化，点击选择"模型"→"编辑"→"实体化"选项，如图 4.2.71 所示。

图 4.2.71

然后选择合并后的面组，如图 4.2.72 所示。

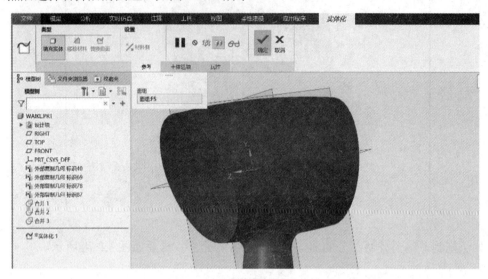

图 4.2.72

只能对封闭的面组进行实体化操作，开放的曲面实体化会失败(移除材料除外)。封闭的面组是指完全将空间分成内外两部分，且两部分并不连通。通常情况下，实体化操作失败的原因也是因为面组没有封闭。

接下来需要对实体进行一个简单的抽壳处理，点击"模型"→"工程"→"壳"选项，如图 4.2.73 所示。

图 4.2.73

设置壁厚为 2 mm，并移除如图 4.2.74 所示的三个面。

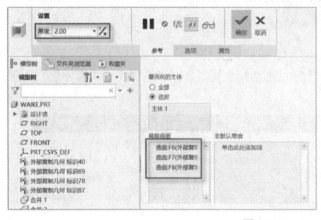
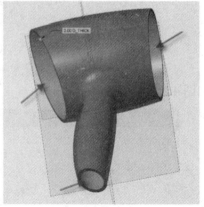

图 4.2.74

最后点击"确定"完成操作，如图 4.2.75 所示。

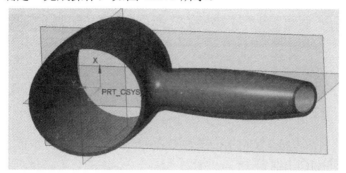

图 4.2.75

从骨架文件"mastr.prt"中导入推钮的凹槽面和滑行底面，如图 4.2.76 所示。

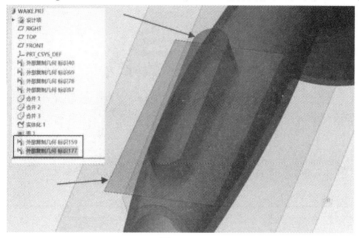

图 4.2.76

首先需要合并两个导入的曲面，如图 4.2.77 所示。

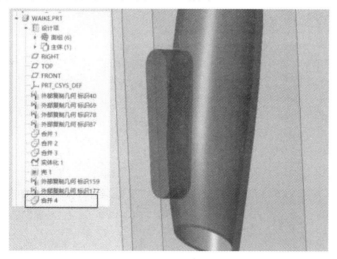

图 4.2.77

合并完成后，需要先给推扭补充壁厚，再进行切槽操作。首先，将手柄内部的曲面复制一份，点击选择"模型"→"操作"→"复制"选项，如图 4.2.78 所示。

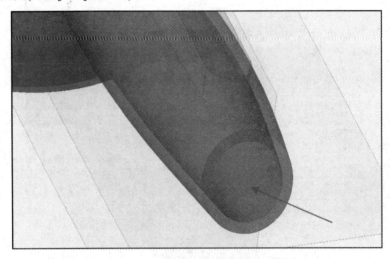

图 4.2.78

选择手柄内壁曲面，按下[Ctrl + C]键，[Ctrl + V]键，进入复制界面，选择如图 4.2.79 所示的两个曲面(可按[Ctrl]键多选)。

图 4.2.79

接下来，使用偏移工具对推钮曲面进行 2 mm 的偏移，如图 4.2.80 所示。

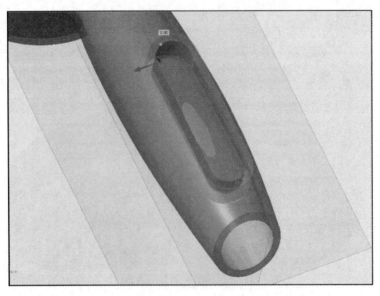

图 4.2.80

然后对偏移面和复制面进行合并操作，如图 4.2.81 所示。

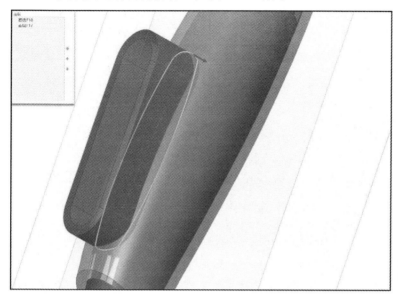

图 4.2.81

对合并后的曲面进行实体化，这样就完成了补壁厚的工作，如图 4.2.82 所示。

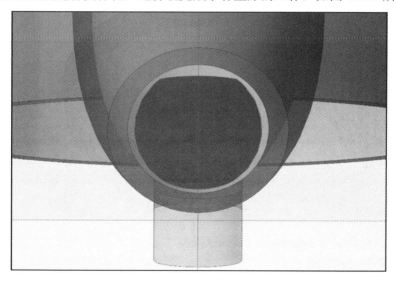

图 4.2.82

接下来，继续使用实体化工具，将推钮的凹槽切出来，这里使用的是实体化移除材料选项，如图 4.2.83 和图 4.2.84 所示。

图 4.2.83

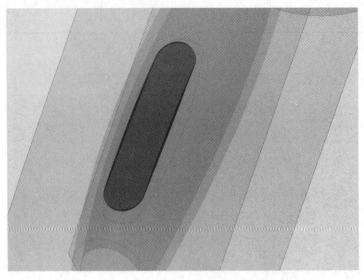

图 4.2.84

这样就完成了外壳部分模型的构建，可以在此基础上稍稍增加一些倒角等细节，如图 4.2.85 所示。

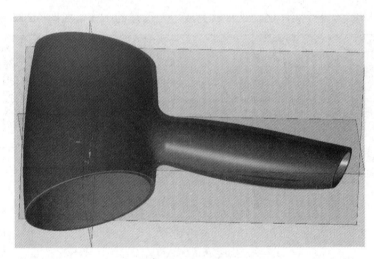

图 4.2.85

4.2.8   完成其他零件

再以推钮零件为例，复习一下上述零件的建模过程。

首先，新建一个元件，类型选择"零件"，子类型选择"实体"，文件名为"tuiniu"，点击"确定"，选择"从现有项目复制"，并选择默认的装配关系。这样就生成了一个名为推钮的零件。

接下来，打开"tuiniu.prt"，点击选择"模型"→"获取数据"→"复制几何"选项，取消"内容"下的"发布几何"，参考模型选择骨架控制文件"mastr.prt"，点击曲面集的小窗口，并在弹出的大窗口中选入与推钮相关的曲面，如图 4.2.86 所示。

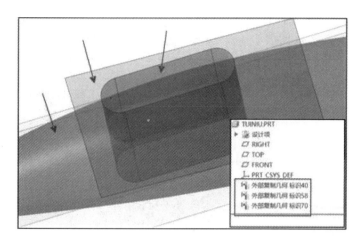

图 4.2.86

由于推钮表面平面应与手柄曲面一致，因此需要求取推钮和手柄面的交线。点击选择"模型"→"编辑"→"相交"选项，如图 4.2.87 所示。

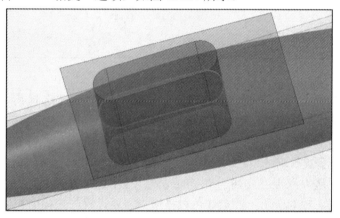

图 4.2.87

接着，隐藏手柄曲面，使它不干扰操作，然后点击选择"模型"→"编辑"→"合并"选项，将推钮轮廓面与底面合并，如图 4.2.88 所示。

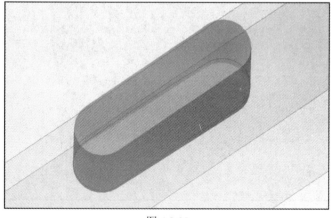

图 4.2.88

接下来，以交线为轨迹，以图 4.2.89(b)中圆弧为截面，扫描出推钮的顶面，点击选择"模型"→"形状"→"扫描"选项，选择"可变截面"，如图 4.2.89(a)所示。

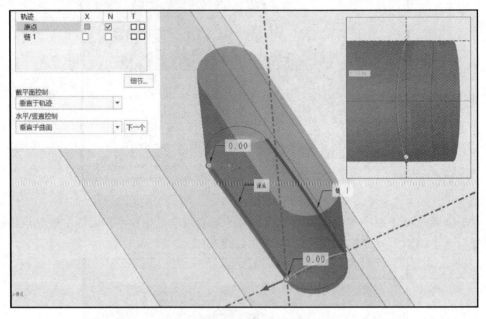

图 4.2.89

顶面的交线为线组(即一条曲线，由若干曲线段组成)，需要选择其中左右两段作为扫描的两条轨迹，选取的技巧为：将鼠标放在要选取的线段上，先点击右键切换要选的线段，接着按左键选择第一条轨迹；然后将鼠标移至右侧线段，按下[Ctrl]键并点右键切换相应的线段，再按左键选择。

完成后，再用边界混合工具补上两端的孔洞，点击选择"模型"→"曲面"→"边界混合"选项，如图 4.2.90 所示，注意红色扫描边界需要设置与扫描面相切。

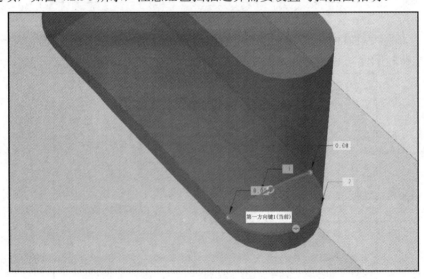

图 4.2.90

使用相同的方法制作出另一端缺少的面，然后合并，如图 4.2.91 所示。

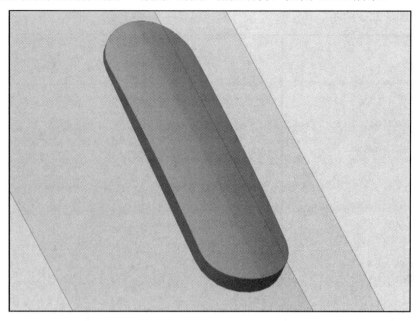

图 4.2.91

为了便于操作，推钮的顶面会略高于手柄曲面，所以需要对推钮作一个向上的偏移。点击选择"模型"→"编辑"→"偏移"选项，偏移类型选择"展开"，数值为"0.30"，然后选择推钮顶部的曲面(按[Ctrl]键多选)，如图 4.2.92 所示。

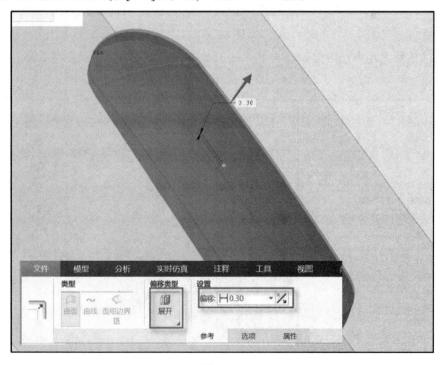

图 4.2.92

最后，对推钮进行实体化，并在表面刻画上刻痕等细节(这里只作简单示意)，推钮就完成了，如图 4.2.93 所示。

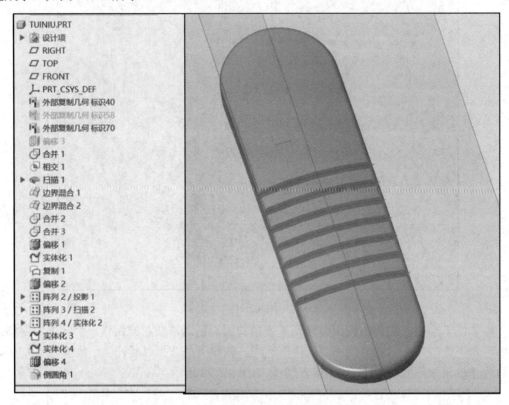

图 4.2.93

接着，按照上述方法继续制作电吹风的其他零件，如图 4.2.94、图 4.2.95、图 4.2.96 所示。

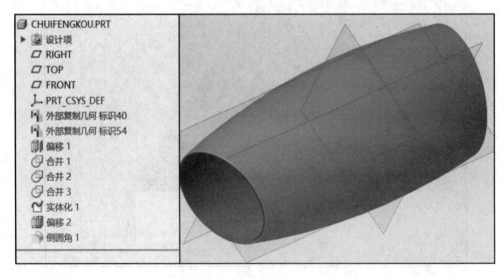

图 4.2.94

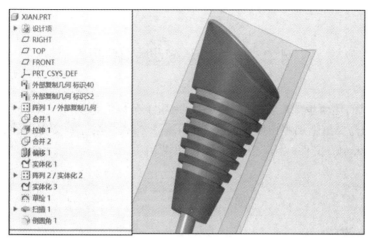

图 4.2.95

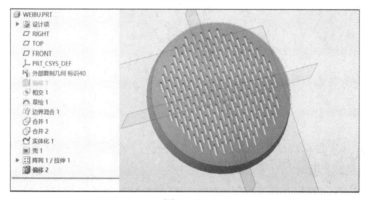

图 4.2.96

最终完成的电吹风模型如图 4.2.97 所示。

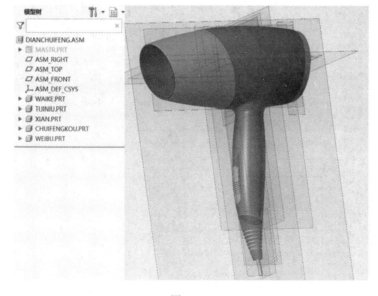

图 4.2.97

4.3 参数化模型的修改

尽管电吹风的建模步骤比较烦琐，但由于采用了参数化建模，后续的修改会非常高效。例如，如果现在需要重新调整电吹风的头部，只需要修改骨架控制文件中的头部曲线即可。

打开"mastr.prt"文件，修改头部曲线如图4.3.1所示。

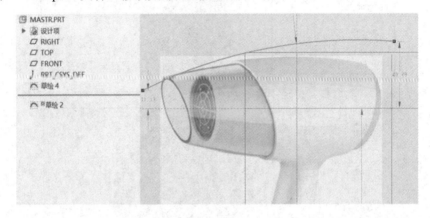

图 4.3.1

完成修改后，模型会自动更新，但可能会出现一些错误，具体错误在模型树上会有红色标记，如图4.3.2所示。

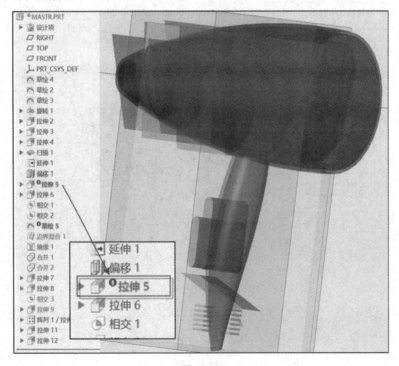

图 4.3.2

在模型树上点击出错的特征，选择编辑定义，如图 4.3.3 所示。

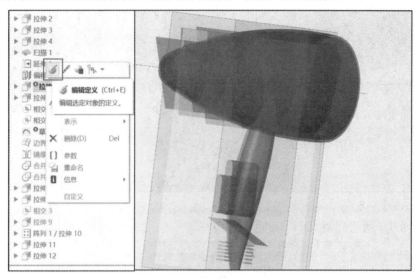

图 4.3.3

将出错的拉伸截面修改为如图 4.3.4 所示的。

图 4.3.4

完成修改后，虽然模型已经没有提示有错误了，但有些曲面仍需要调整，如图 4.3.5 所示。

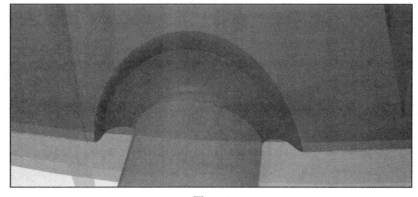

图 4.3.5

调整一下切手柄顶端的拉伸特征，如图 4.3.6 所示。

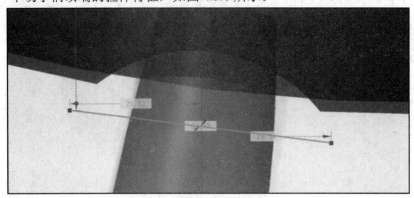

图 4.3.6

例如图 4.3.7 所示的面太小了，也需要调整。

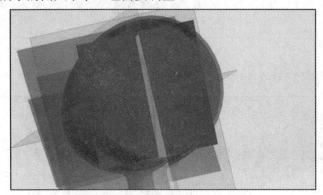

图 4.3.7

调整完成后，骨架文件的修改就完成了，如图 4.3.8 所示。

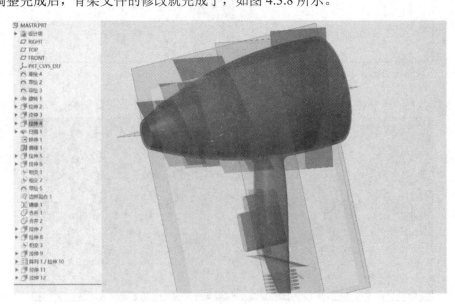

图 4.3.8

返回电吹风的项目总装，点击重新生成，如图 4.3.9 所示。

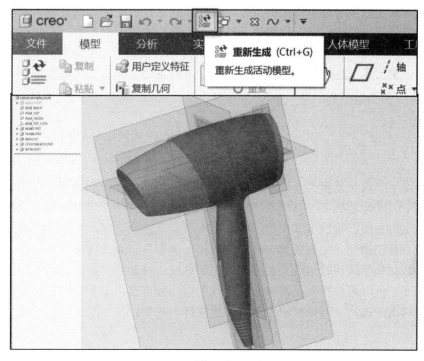

图 4.3.9

刷新完成后，如图 4.3.10 所示，这样就完成了一次对参数模型的修改。如果刷新中出现了零件错误，依据上述步骤一一修改解决即可。

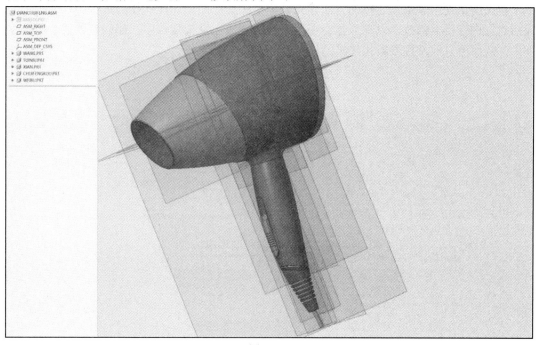

图 4.3.10

在工业设计建模中，尽管 Creo 的参数化建模并不算高效，但却是比较合适的。因为建模的过程本身就是造型和造型修改的过程，只有参数化建模才能如此高效、便捷，无论是在建模中还是建模完成后，这一点都是其他造型类建模软件所不及的。

通过电吹风的例子，我们不仅复习了 Creo 的基础课程，还完整地介绍了参数化建模的方法。在接下来的章节里，我们将详细介绍更复杂的曲面设计与参数化建模。

本 章 小 结

本章介绍了参数化建模的基础知识，包括参数化的曲面设计和建模，以及骨架文件及文件系统规划。在此基础上，以电吹风的建模为例，详细介绍了参数建模的全过程，包括创建项目的文件系统、描绘电吹风的轮廓、电吹风头部曲面建模、电吹风手柄曲面建模、连接头部与手柄的曲面、完成骨架文件，创建第一个零件，以及完成其他零件。最后又详细介绍了参数化模型的修改过程，包括修改头部曲线、修改拉伸截面、调整曲面等。通过电吹风的例子，读者可以深入了解参数化建模的思路和方法，掌握参数建模的全过程，以及参数模型修改的技巧，为后续的工业设计建模打下基础。

课 后 练 习

建议尝试使用参数化建模的方法建立一个手头的产品，并在建模的过程中、建模的完成后对它进行反复修改，以深入体会哪些参数适合放在骨架文件中，哪些参数适合放在零件中，从而更好地掌握参数化建模的技巧。

第5章　复杂曲面的参数化建模

图 5.0.1 展示的一些相对于汽车等复杂产品来说较为简单的产品，但对于新手来说，在建模时仍可能会感到无从下手。

这样的曲面到底该如何搭建？唯一的方法就是采用分面(或拆面)技术，将复杂的曲面拆分成一些简单的面，然后使用 Creo 提供的各种工具(如拉伸面、旋转面、扫描面、混合面等)来进行建模。这样的方法可以帮助新手更好地掌握建模技巧，逐步提高建模水平。

(a) 莱克 VC-B301W 吸尘器　　　　　(b) 飞利浦 GC1480 电熨斗

图 5.0.1

5.1　分　　面

5.1.1　分面练习

上述产品较为复杂，不妨先以简单的产品来分析。例如图 5.1.1 中的白色物体，虽然它的曲面波浪起伏，看起来很复杂，但只需画出几条辅助线(注：图中 1、2、3、4、5 为分割线，6 为面)进行分析，就可以明白它的结构：线 1 外侧是一个柱面；线 2 内部是一个圆形平面；线 1、线 2 之间的曲面，被线 3 分成了两个环状面。虽然这两个环状面依然很复杂，但若用线 4、线 5 分割后，就变成了相对简单的如面 6 的八部分。这八部分曲面均为四边面，用边界混合的方法很容易就能构建出来。

图 5.1.1

通过这样的分面练习，你可以更好地理解复杂曲面的结构和构成，提高自己的建模能力。接下来就可以尝试用 Creo 来建模了。

在 Creo 中，新建一个名为 plate 的零件，并点击选择"模型"→"形状"→"拉伸"选项。在 TOP 基准面上拉伸一个圆柱曲面(封闭端口)，如图 5.1.2 所示。

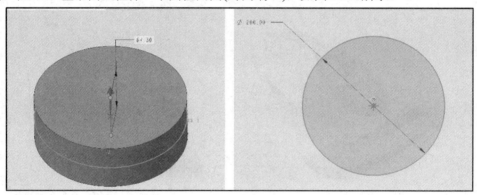

图 5.1.2

选中"模型"→"形状"→"拉伸"选项，将圆柱面的上端切去(移除材料)，如图 5.1.3 所示。

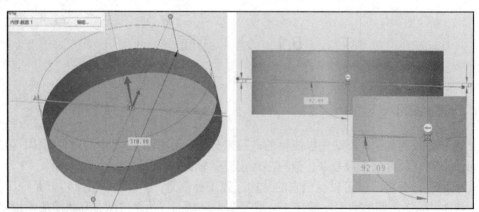

图 5.1.3

再次点击选择"模型"→"形状"→"拉伸"选项，在平面上绘制如图 5.1.4 所示的形状。

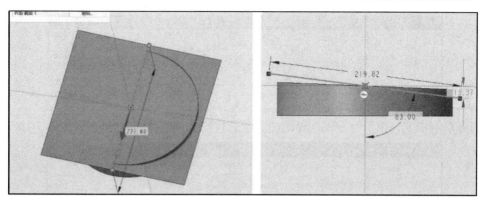

图 5.1.4

点击选择"模型"→"形状"→"拉伸"选项，将上述平面切成一个圆形(移除材料)，如图 5.1.5 所示。

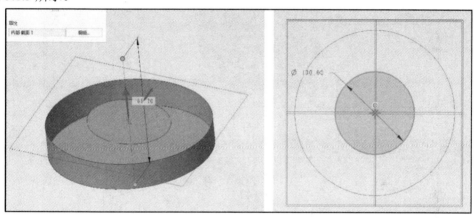

图 5.1.5

点击选择"模型"→"形状"→"拉伸"选项，拉伸一个曲面，如图 5.1.6 所示。

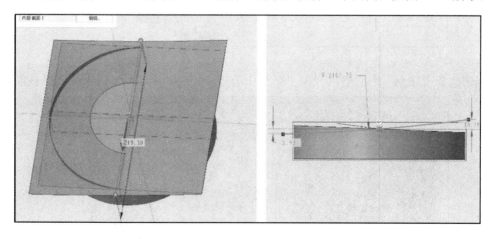

图 5.1.6

使用投影法制作曲面内部的红色控制线。点击选择"模型"→"编辑"→"投影"选项，如图 5.1.7 所示。

图 5.1.7

选择草绘模式，在前一步骤创建的曲面上，投影方向选择 TOP 视图，如图 5.1.8 所示。

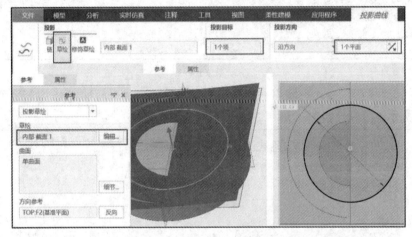

图 5.1.8

隐藏图中的绿色曲面，即"拉伸 5"，如图 5.1.9 所示。

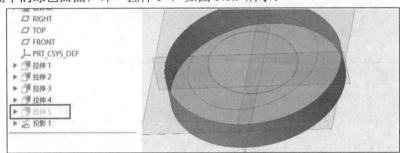

图 5.1.9

点击选择"模型"→"基准"→"草绘"选项，绘制如图 5.1.10 所示的两个截面。

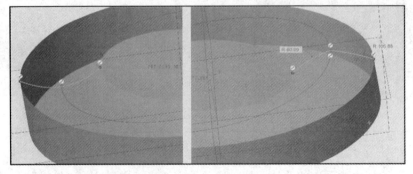

图 5.1.10

点击选择"模型"→"基准"→"点"选项，如图 5.1.11 所示。

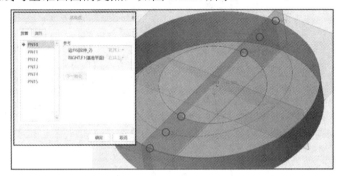

图 5.1.11

求取六条边线与基准曲面的交点，如图 5.1.12 所示。

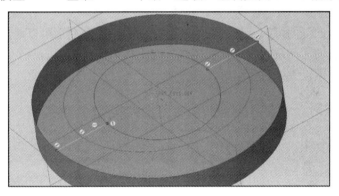

图 5.1.12

点击选择"模型"→"基准"→"草绘"选项，绘制如图 5.1.13 所示的截面。

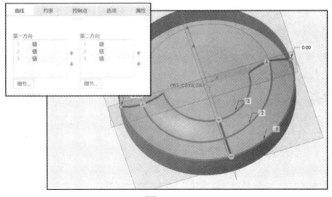

图 5.1.13

点击选择"模型"→"曲面"→"边界混合"选项，按顺序选择如下 3 条圆弧线为第一方向，另外 3 条线为第二方向，同时设置左右两端垂直于基准面，如图 5.1.14 所示。

图 5.1.14

镜像边界混合面后，合并所有曲面，然后实体化，对相关棱线倒圆角，并调整厚度，完成如图 5.1.15 所示的模型。

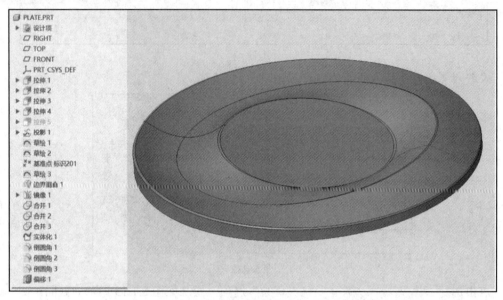

图 5.1.15

通过这个简单的分面练习，你可以了解到任何复杂的曲面都可以通过分面的方法分解成能够用软件构建的面，从而完成建模工作。对于本节开头提到的两个产品的分析，这个方法同样适用，你可以尝试自己分解这些曲面来提高自己的建模技能。

5.1.2 三通管练习

虽然在建模过程中，可以通过将复杂曲面分割成简单曲面的方法来进行构建，但是在实践中，分割曲面时常会遇到种种棘手的问题。

图 5.1.16 是一个剃须刀刀头曲面的例子。通过分割，我们得到了剃须刀刀头的线框，但很容易注意到，其主要的曲面是一个五边形。

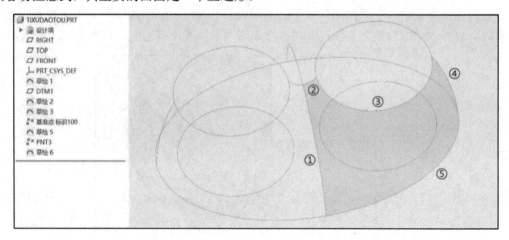

图 5.1.16

　　对于分面中出现的超过四边的多边形面的处理方法，因人、因模型而异。在这里，我们提供一些通用的处理方法和思路供大家参考。

　　对于这样的五边形面，最好的处理思路是先处理大边的问题，然后考虑细节方面的问题。以这个刀头为例，我们可以先处理由 1、3、4、5 这几条边确定的面，再考虑边 2 的局部细节。

　　因此，五边形面的问题变为了如何在 1 和 3 之间找到一条连线的问题。但是，这条线并不容易找到，因为它位于 1、2、3 这三条控制线影响的曲面上，而这个曲面正是我们要建模的对象。因此，我们只能近似地寻找这条线。为了提高近似线的准确度，我们也可以将另一侧的五边形面考虑在内。

　　如果分面时束手无策，那么可以参考以下原则进行探索思考：

　　先整体，后局部，先大面，后细节(舍弃不必要的细节)。

　　请记住：去繁从简是处理一切繁杂事情的切入点和方法。

1．剃须刀刀头

　　具体的建模过程如下：

　　首先，在操作界面中点击选择"模型"→"基准"→"点"选项，如图 5.1.17 所示，增加一个点。这个点要尽量高(接近两圆平面)，同时也需要尽量与两圆同宽(TOP 视图)。由于这两个要求矛盾，所以需要在绘制曲线后不断微调点的偏移比例，以达到更好的效果。

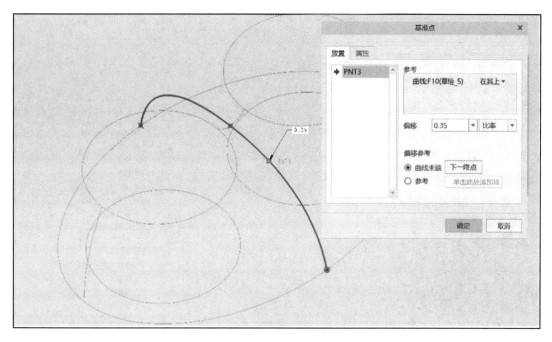

图 5.1.17

　　然后，按照图 5.1.18 所示的草图，在操作界面中绘制曲线。绘制这段曲线的目的是更好地构建线和曲面之间的关系。

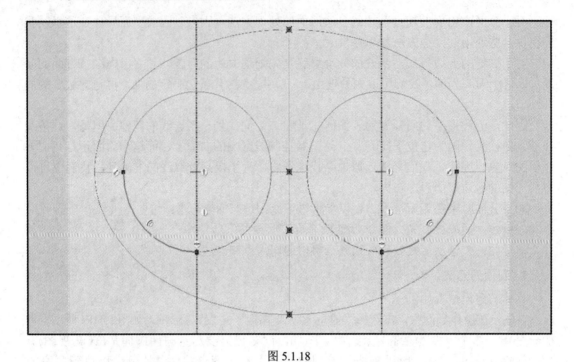

图 5.1.18

完成后，隐藏两个圆，如图 5.1.19 所示。

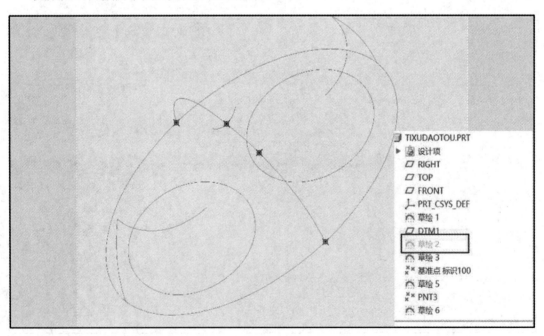

图 5.1.19

现在绘制线条所需的三个关键点已经有了。仔细观察，会发现要绘制的这条线是一条三维曲线。为了解决这个问题，我们需要使用一个三维曲线的绘制工具——"通过点的曲线"。点击选择"模型"→"基准"→"曲线"→"通过点的曲线"选项，如图 5.1.20 所示。

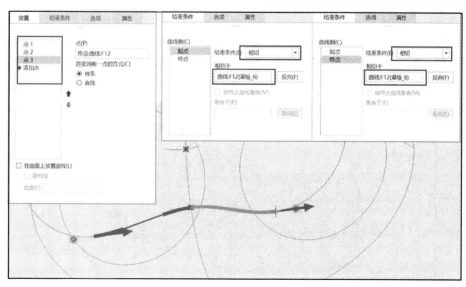

图 5.1.20

依次点选三个端点，设置结束条件的起点/终点为相切，注意箭头方向，如图 5.1.21 所示。

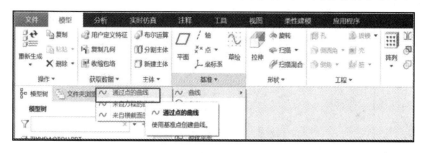

图 5.1.21

"通过点的曲线"是一个非参数化的工具。虽然它在结合参数化的情况下使用效果很好(如上述的例子)，但当多个"通过点的曲线"相互继承时，可能就会出现问题。因此，需要避免新的"通过点的曲线"继承旧的"通过点的曲线"。

完成后，如图 5.1.22 所示。

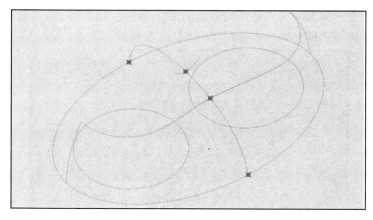

图 5.1.22

点击选择"模型"→"曲面"→"边界混合"选项,注意设置左右两侧垂直于基准面,如图 5.1.23 所示。

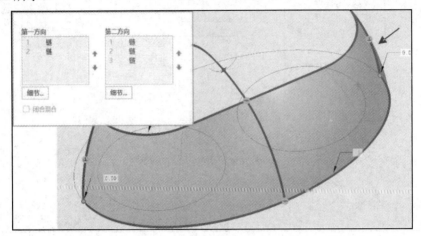

图 5.1.23

完成后,如图 5.1.24 所示。

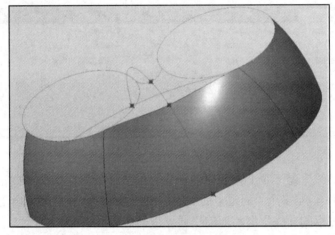

图 5.1.24

需要处理边 2 的问题,只需要在局部稍作修剪,如图 5.1.25 所示。图 5.1.26 所示为修剪的截面。点击选择"模型"→"形状"→"拉伸"选项。

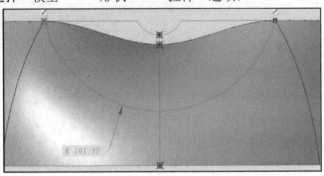

图 5.1.25

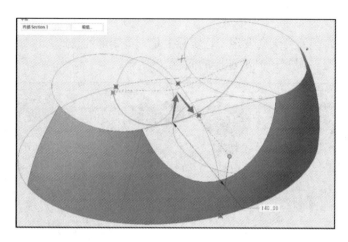

图 5.1.26

最后，点击选择"模型"→"曲面"→"边界混合"选项，如图 5.1.27 所示。

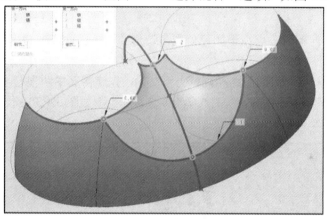

图 5.1.27

完成后，进行镜像和合并操作，就可以得到完整的剃须刀刀头曲面，如图 5.1.28 所示。

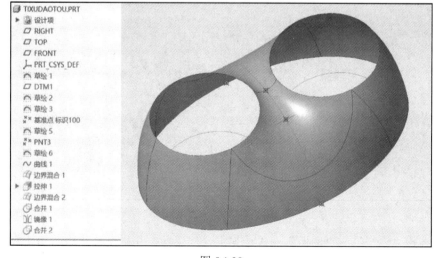

图 5.1.28

2. 三通管

仔细观察上述剃须刀刀头会发现，它实际上是一个变形的三通管，如图 5.1.29 所示，因此刀头的问题也就是三根管子光滑连接的问题。

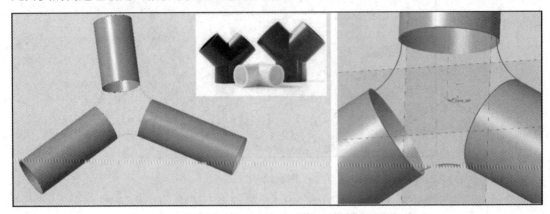

图 5.1.29

解决三管连接问题的难点在于如何处理多边形的面，因此需要将多边形的面转化为若干四边形的面。

第一个思路：与剃须刀的思路相同，去繁从简，先连接其中两根管子，再连接第三根。

点击选择"模型"→"基准"→"草绘"选项，绘制如图 5.1.30 所示的弧线(注意要设置相切)。

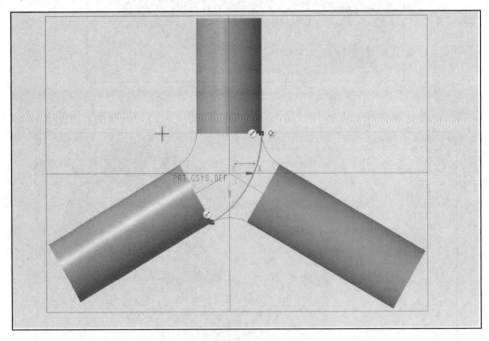

图 5.1.30

点击选择"模型"→"曲面"→"边界混合"选项，注意设置四边的相切或垂直，如图 5.1.31 所示。

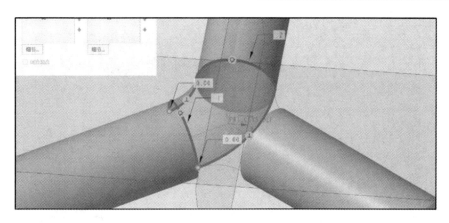

图 5.1.31

需要切掉新建面的一部分，点击选择"模型"→"形状"→"拉伸"选项，剪掉不需要的部分，如图 5.1.32 所示。最后，点击选择"模型"→"曲面"→"边界混合"选项，将第三根管子连接上去，如图 5.1.33 所示。

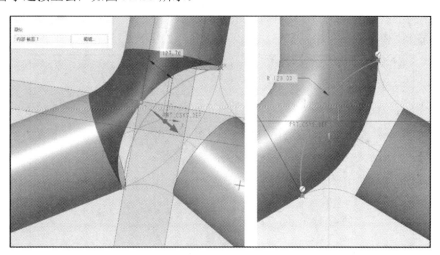

图 5.1.32

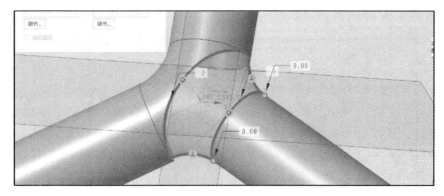

图 5.1.33

完成后，进行镜像和合并操作，就可以大致完成三通管的连接，如图 5.1.34 所示。然而相对于标准的三通管，这并不是最优的解决方案。

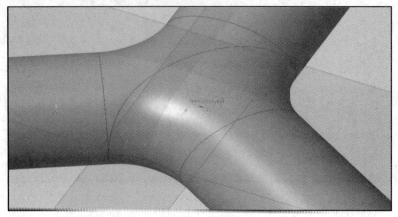

图 5.1.34

第二个思路：将多边形的面分割成若干四边形的面。

这种方法分析容易，但在应用中比较复杂，因为实际情况千差万别，需要灵活处理。如何在一个空洞上做出分割线，是这种方法最大的难点。

点击选择"模型"→"编辑"→"相交"选项，如图 5.1.35 所示，计算出交线。

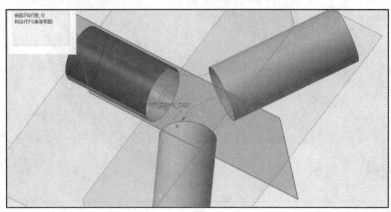

图 5.1.35

然后点击选择"模型"→"基准"→"点"选项，如图 5.1.36 所示。

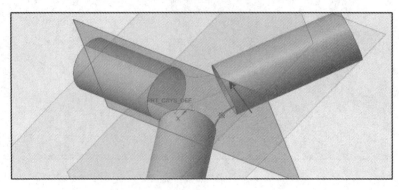

图 5.1.36

接下来点击选择"模型"→"基准"→"草绘"选项，绘制如图 5.1.37 所示的曲线。

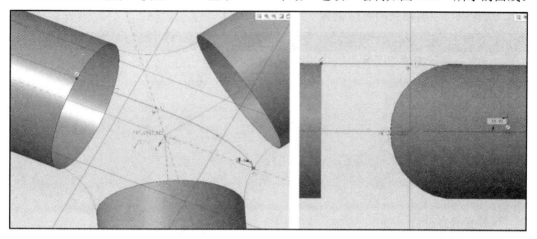

图 5.1.37

在绘制样条线时，需要注意如何控制其端点与基准的垂直关系。可以使用标注尺寸的方法，标注样条线的端点与基准夹角为 90°，从而实现基准的垂直(也可以设置为 0° 或者 180° 相切)。

通过这条线，可以将一个六边形面分为 2 个五边形面，如图 5.1.38 所示。

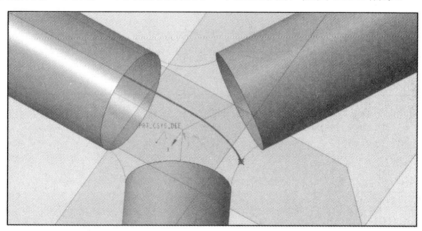

图 5.1.38

接下来可以通过旋转此样条线来复制另一个方向的线。首先选中该样条线(变绿)，点击选择"模型"→"操作"→"复制"选项，再点击选择"模型"→"操作"→"粘贴"→"选择粘贴"选项，如图 5.1.39 所示。

图 5.1.39

　　类型选择"旋转",转轴选择"Y轴",偏移为120°,如图 5.1.40 所示,点击"确定"完成。这样就可以将草绘的曲线绕着 y 轴旋转 120°了。

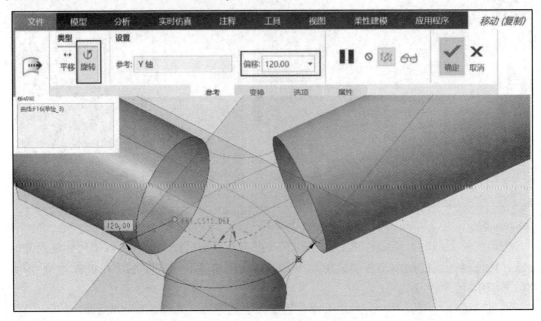

图 5.1.40

　　这也是 Creo 中对点、线、面进行旋转、移动的方法。

　　类似地,再进行一次旋转,或对其中的线进行一次镜像,即可完成另一个方向线的复制,如图 5.1.41 所示。

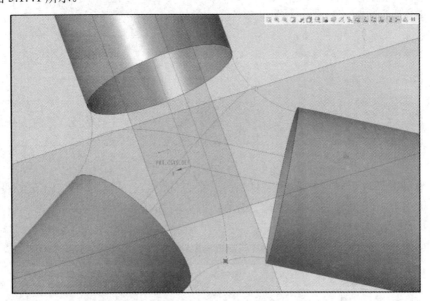

图 5.1.41

　　我们已经通过 3 条线将对称的六边形面切割成 6 个四边形面了,接下来可以通过边界混合构建这些曲面。为了更好地构建边界混合面,需要先拉伸一个辅助面,如图 5.1.42 所示。

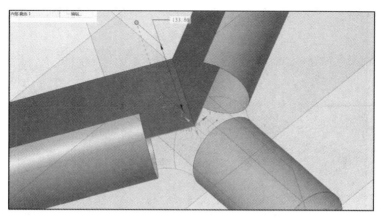

图 5.1.42

点击选择"模型"→"曲面"→"边界混合"选项，注意该面的 4 条边都需要约束，上述的辅助面用于设置垂直约束，如图 5.1.43 所示。

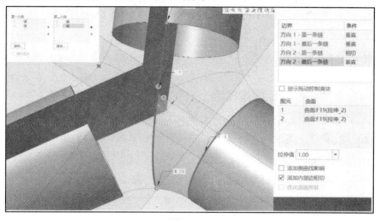

图 5.1.43

完成后，我们只需要对该面进行若干次镜像，再合并，即可完成这个六边面，如图 5.1.44 所示。

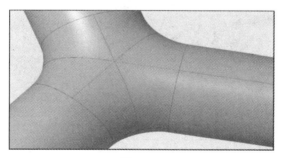

图 5.1.44

实际上，这仅是一个标准三通管的建模操作而已，只要稍微改变一下三通管的角度和管子的粗细形状，就会演变出许多棘手的状况，这也正是三通管分面练习的意义所在。三通管的练习中浓缩了许多"疑难杂症"，情况不同，建模的方法也不尽相同。图 5.1.45 所示的三通管连接留作练习。

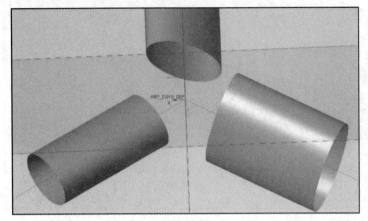

图 5.1.45

5.2   实例——鼠标的参数化建模

5.2.1   鼠标的曲面分析

接下来，我们通过一个鼠标的建模练习来复习一下分面建模技术。

图 5.2.1 所示是一款比较常见的鼠标。先画出能反映它主要外观特点的几条轮廓线：线 1 是这款鼠标顶部的轮廓线，线 2 是顶部曲面侧边的轮廓线，线 3 是底部曲面的轮廓线，线 4、线 5、线 6 则是顶部曲面的控制线。通过这些轮廓线的勾勒，大体上就把鼠标的复杂曲面分成了相对简单的几部分，也就有了初步的建模思路。

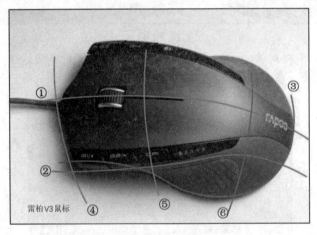

图 5.2.1

5.2.2   建立鼠标文件项目

首先需要创建鼠标文件项目。点击选择"模型"→"元件"→"创建"，类型选择"装配"，子类型选择"设计"，文件名设置为"shubiao"。

接着点击选择"模型"→"元件"→"创建"，类型选择"骨架模型"，子类型选择"标准"，文件名设置为"mastr"，点击"确定"，创建方法选择"从现有项目复制"，复制自"mmns_part_solid_abs.prt"文件(此文件为公制单位标准文件，当设置公制单位时此项为默认设置)，完成后界面如图 5.2.2 所示。

这样就完成了鼠标项目的创建(尽管鼠标还包含很多零件，但暂时可以不去管它)。

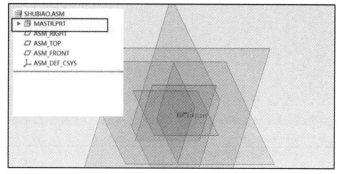

图 5.2.2

5.2.3　空间申明和鼠标轮廓线

打开"mastr.prt"文件，开始创建骨架控制文件的特征，即开始对鼠标进行建模。如果已经有了心仪的设计图，可以将其引入控制文件进行描图建模。本例中采用边设计边修改的方法进行建模，因此不需要引入设计图。

为了更好地控制鼠标的尺寸，需要进行简单的空间声明。草绘出两个长方形，大致标明鼠标的几何尺寸，如图 5.2.3 所示。点击选择"模型"→"基准"→"草绘"选项进行草绘。

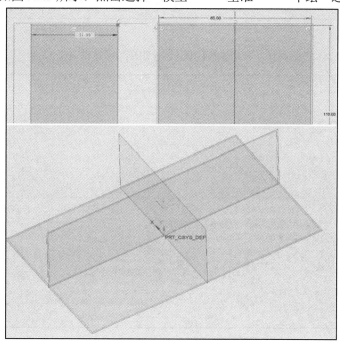

图 5.2.3

接下来草绘出鼠标的重要轮廓线。

侧视图下，点击选择"模型"→"基准"→"草绘"选项，草绘鼠标分型面轮廓线，如图 5.2.4 所示。

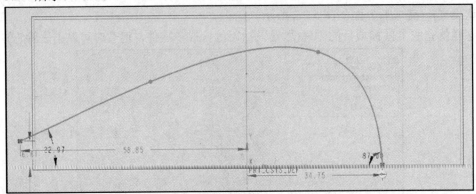

图 5.2.4

继续在侧视图中草绘鼠标顶面的外轮廓线，如图 5.2.5 所示。

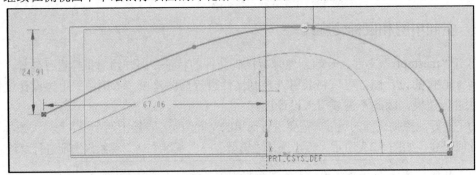

图 5.2.5

在顶视图下，草绘鼠标的顶部曲面轮廓线，如图 5.2.6 所示。

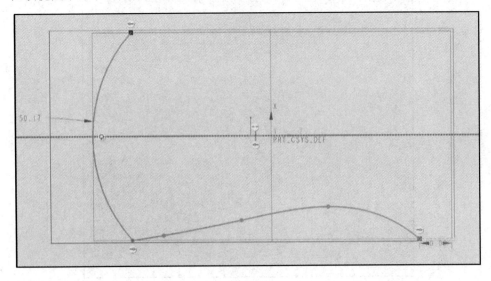

图 5.2.6

继续草绘鼠标的底部曲面轮廓线,如图 5.2.7 所示。

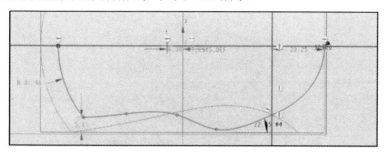

图 5.2.7

完成以上步骤后,可以得到如图 5.2.8 所示的结果。

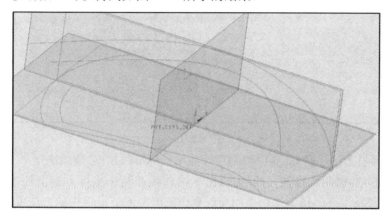

图 5.2.8

5.2.4 构建鼠标的顶面

构建鼠标的顶面需要进行如下步骤:

首先点击选择"模型"→"形状"→"拉伸"选项,拉伸与分型相关的轮廓线,生成一个辅助面(用它偏移出分型面),如图 5.2.9 所示,用该面找出顶部曲面的轮廓。

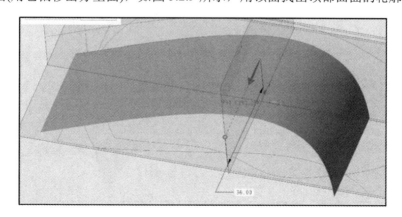

图 5.2.9

接下来点击选择"模型"→"编辑"→"投影"选项,选择草绘,并编辑截面。投影基于 TOP 基准面方向，选择之前绘制的鼠标顶面的轮廓曲线，如图 5.2.10 所示。

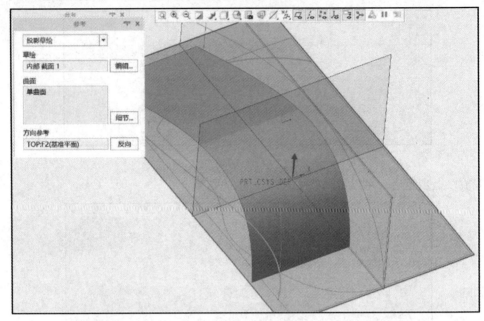

图 5.2.10

上述方法即投影法，是 Creo 中绘制三维曲线的标准画法(参数画法)。

标准的投影法(也叫二投法)，即先画出三维曲线在两个坐标方向上的投影线(平面曲线)，再使用"菜单"→"模型"→"相交"算出三维曲线。上例中的方法就是由此方法衍生而来的。

然后点击选择"模型"→"基准"→"曲线"→"通过点的曲线"选项，绘制鼠标顶部曲面头部的轮廓线，注意要设置终点垂直于基准面，如图 5.2.11 所示。这就是前面提到的三维线的非参数化画法。

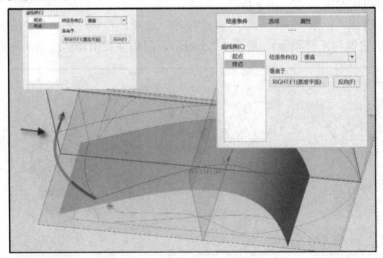

图 5.2.11

接着点击选择"模型"→"形状"→"拉伸"选项，拉伸一组辅助面(用于画截面，所以辅助面应尽量垂直于两条轮廓线)，如图 5.2.12 所示。

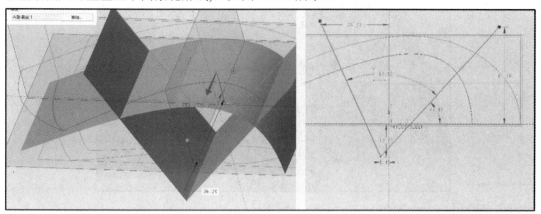

图 5.2.12

之后点击选择"模型"→"基准"→"点"，通过采用与辅助面相交的方法，分别求取如图 5.2.13、图 5.2.14 所示的两组基准点。

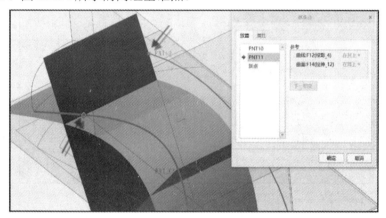

图 5.2.13

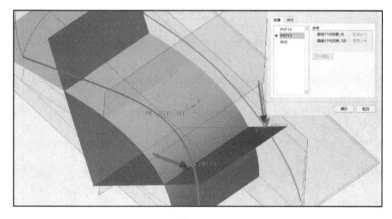

图 5.2.14

接下来点击选择"模型"→"基准"→"草绘"选项，选择辅助面左侧的面作为草绘平面，绘制如图 5.2.15 所示的曲线。

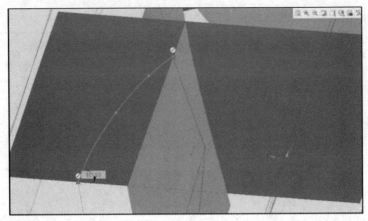

图 5.2.15

再点击选择"模型"→"基准"→"草绘"选项，选择辅助面右侧的面作为草绘平面，绘制如图 5.2.16 所示的曲线。

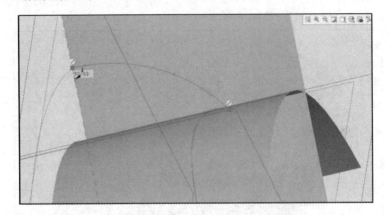

图 5.2.16

完成以上步骤后，隐藏辅助面等不需要的曲面，如图 5.2.17 所示。

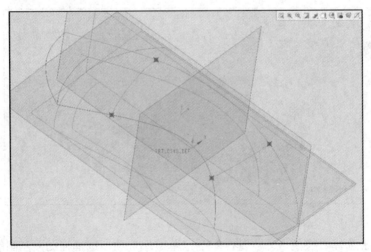

图 5.2.17

最后点击选择"模型"→"曲面"→"边界混合"选项，构建鼠标的顶面，如图 5.2.18
所示。

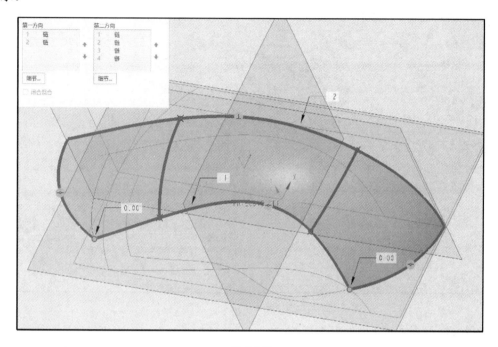

图 5.2.18

5.2.5　构建鼠标的侧面

构建鼠标的侧面需要进行如下步骤：

首先点击选择"模型"→"编辑"→"投影"选项，投影出鼠标前部的轮廓线，如图
5.2.19 所示。

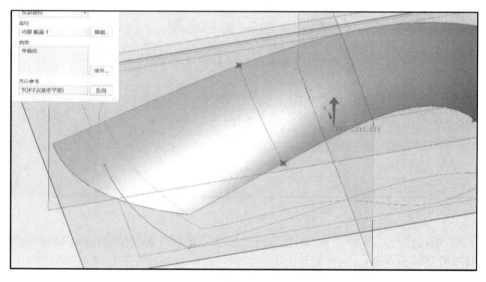

图 5.2.19

接着点击选择"模型"→"曲面"→"边界混合"选项，构建鼠标头部的面，如图
5.2.20 所示。

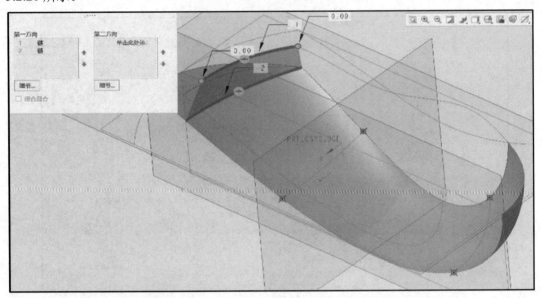

图 5.2.20

然后再次点击选择"模型"→"曲面"→"边界混合"选项，构建鼠标的侧面(这里用
的是 3 条边的边界混合，需要注意箭头所指的尖端面的质量)，如图 5.2.21 所示。

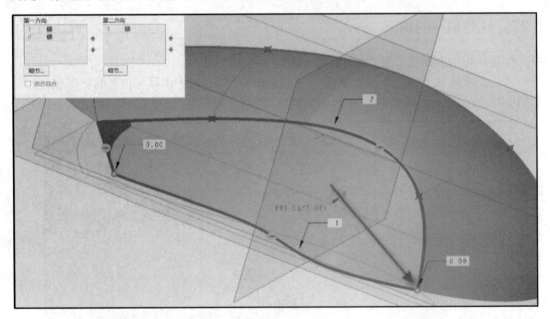

图 5.2.21

接下来点击选择"模型"→"编辑"→"修剪"选项，选择鼠标顶部的曲面作为修剪
的面组(即被修剪的对象)，修剪对象为上述投影线，将鼠标顶面不需要的部分剪掉，如图
5.2.22 所示。

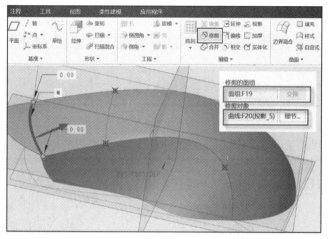

图 5.2.22

完成以上步骤后，鼠标基本形状的建模就完成了，如图 5.2.23 所示。

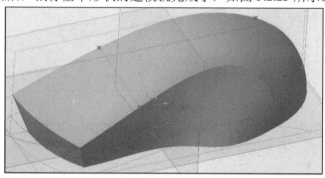

图 5.2.23

5.2.6　鼠标的顶面与侧面的过渡面

现在需要处理鼠标顶面与侧面之间的过渡面。鼠标侧面的棱线通常是一条消失的棱线，需要手动构建。这里采用切割并手动构建的方法，使用扫描混合来实现均匀变化的间隙。

首先，为了实现扫描混合，需要先做出截面的参考点。点击选择"模型"→"基准"→"点"，如图 5.2.24 所示。

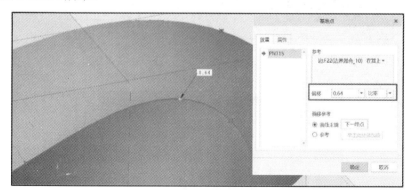

图 5.2.24

接着，点击选择"模型"→"形状"→"扫描混合"选项，如图 5.2.25 所示。

图 5.2.25

选择侧面的棱线，箭头所示为初始点(在扫描混合里可以忽略)，如图 5.2.26 所示。

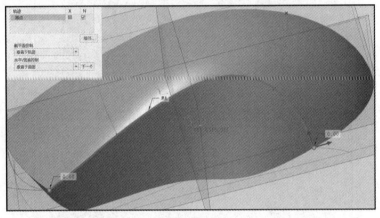

图 5.2.26

然后，打开截面选项卡，点击"截面"，如图 5.2.27 所示，选择左侧第一个点(系统默认为起点)，点击面板上的"草绘"按钮，进入草绘。

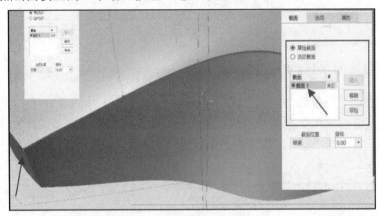

图 5.2.27

绘制如图 5.2.28 所示的直径为 1.5 mm 的圆截面。

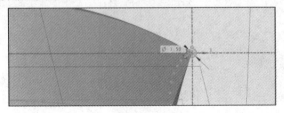

图 5.2.28

如图 5.2.29 所示，设置完第一个点后，截面选项卡的插入按钮便会被激活，点击"插入"，选择第二个点，重复上述操作，完成其他截面。第二点、第三点、第四点的截面直径依次是 1.5 mm，4 mm，19 mm。

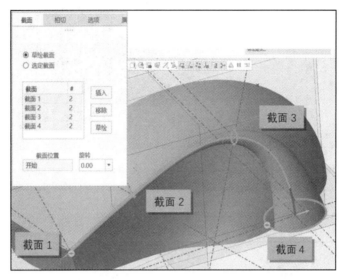

图 5.2.29

点击确定完成，效果如图 5.2.30 所示。

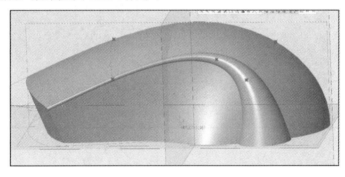

图 5.2.30

接着，点击选择"模型"→"编辑"→"延伸"选项，分别适当延伸这个扫描混合曲面的两端，如图 5.2.31 所示。

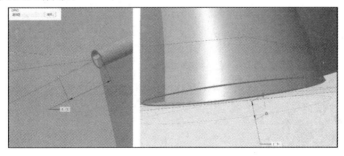

图 5.2.31

然后，点击选择"模型"→"编辑"→"修剪"选项，"修剪的面组"选择鼠标顶面曲面，"修剪对象"选择扫描混合的曲面，如图 5.2.32 所示。

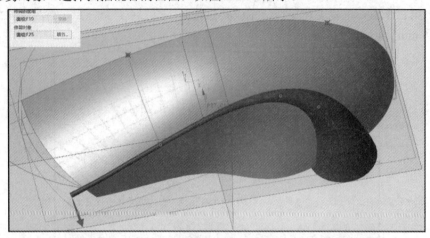

图 5.2.32

重复修剪过程，用扫描混合曲面修剪鼠标侧面的曲面，如图 5.2.33 所示。

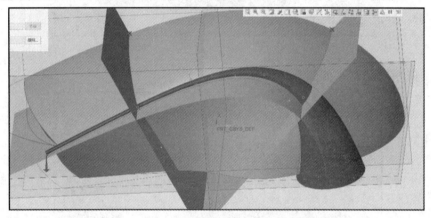

图 5.2.33

修剪完成后，隐藏扫描混合曲面，如图 5.2.34 所示。

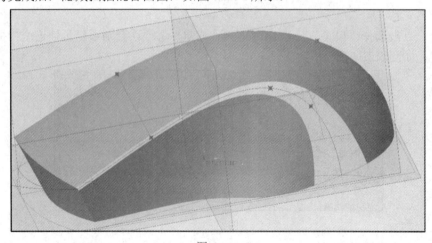

图 5.2.34

接下来，点击选择"模型"→"曲面"→"边界混合"选项，把修剪部位连接起来，注意两边均设置相切，如图 5.2.35 所示。

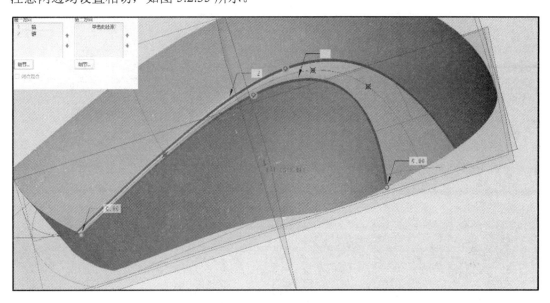

图 5.2.35

这样，鼠标的大曲面就全部完成了，效果如图 5.2.36 所示。

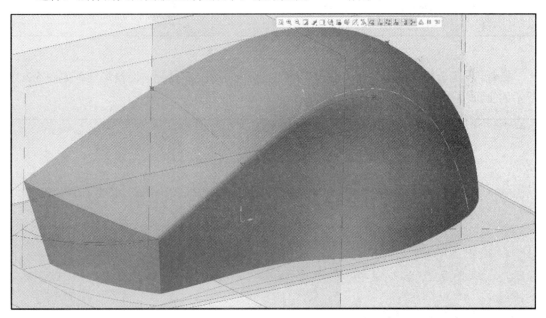

图 5.2.36

5.2.7　构建鼠标的细部特征曲面

现在我们开始构建鼠标的细节特征曲面。

首先，点击选择"模型"→"形状"→"拉伸"选项，如图 5.2.37 所示，切掉鼠标的顶面。

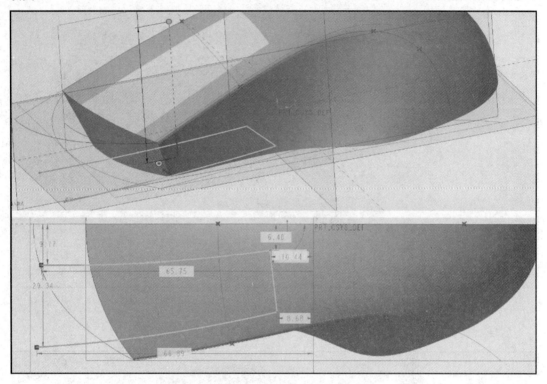

图 5.2.37

接着，点击选择"模型"→"编辑"→"投影"选项，在鼠标前面投影绘制如图 5.2.38 所示的曲面。

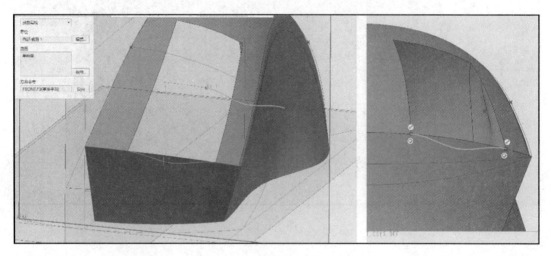

图 5.2.38

然后，点击选择"模型"→"曲面"→"边界混合"选项，生成如图 5.2.39 所示的曲面。

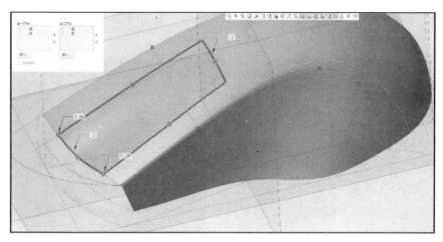

图 5.2.39

这样就为鼠标顶面做了一个凹下去的细节面，以增加手感，如图 5.2.40 所示。

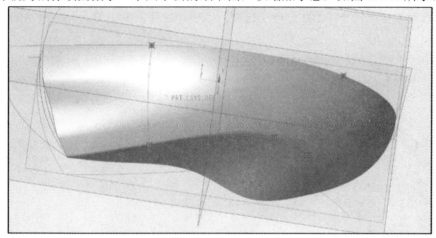

图 5.2.40

接下来，点击选择"模型"→"形状"→"拉伸"选项，拉伸生成如图 5.2.41 所示的曲面。

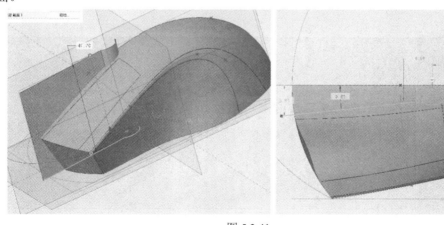

图 5.2.41

点击选择"模型"→"形状"→"拉伸"选项，拉伸生成如图 5.2.42 所示的鼠标滚轮。

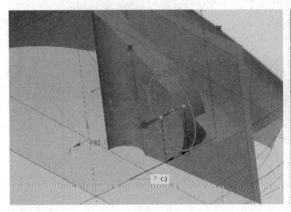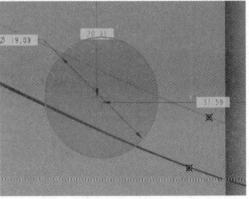

图 5.2.42

点击选择"模型"→"形状"→"拉伸"选项，拉伸生成如图 5.2.43 所示的鼠标顶部按键面。

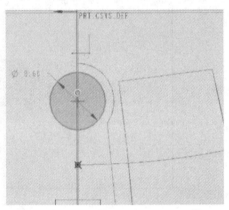

图 5.2.43

点击选择"模型"→"形状"→"拉伸"选项，拉伸生成如图 5.2.44 所示的鼠标侧面按键面。

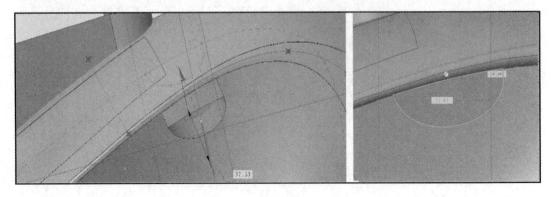

图 5.2.44

　　然后，点击选择"模型"→"编辑"→"合并"选项，将如图 5.2.45 所示的绿色曲面合并在一起。

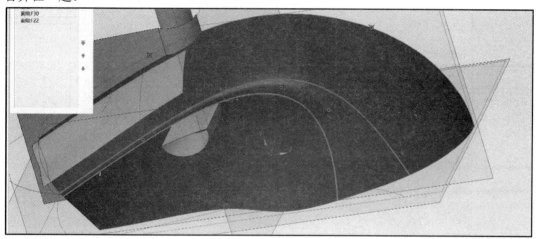

图 5.2.45

　　接着，点击选择"模型"→"编辑"→"投影"选项，在绿色面组上投影绘制如图 5.2.46 所示的曲线。

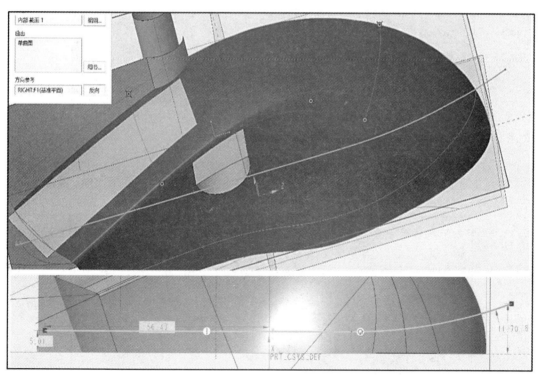

图 5.2.46

　　然后，点击选择"菜单"→"模型"→"扫描"选项，选择上一步的投影线，选择"恒定截面"，"截平面控制"选择"垂直于投影"，"方向参考"选择"TOP：F2(基准平面)"，截面曲线如图 5.2.47 所示。

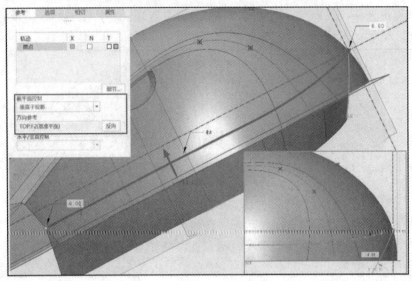

图 5.2.47

接着，对其前端进行适当的延长，点击选择"菜单"→"模型"→"延伸"选项，如图 5.2.48 所示。

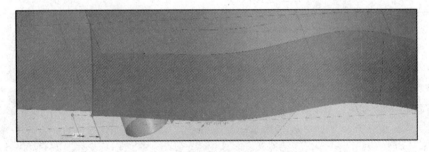

图 5.2.48

再点击选择"菜单"→"模型"→"拉伸"选项，拉伸出鼠标的底部曲面，如图 5.2.49 所示。

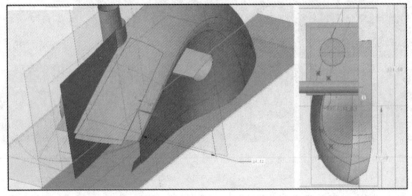

图 5.2.49

现在，鼠标的骨架控制文件已经完成了。但为了更好地零件化，需要对曲面或曲线进行必要的处理，具体如下：

首先，点击选择"菜单"→"模型"→"延伸"选项，对图 5.2.50 右侧曲面进行必要的延伸。

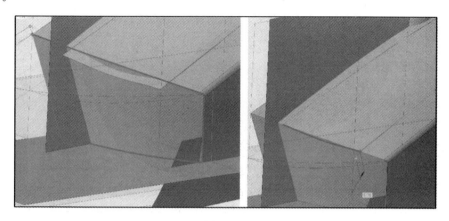

图 5.2.50

然后，点击选择"菜单"→"模型"→"偏移"选项，偏移 1 mm 作为分型面，如图 5.2.51 所示。

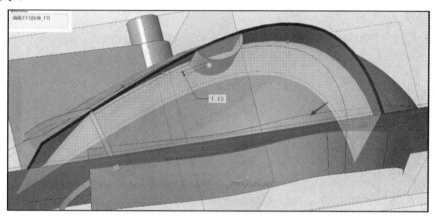

图 5.2.51

接着，点击选择"菜单"→"模型"→"扫描"选项，这是上盖和下盖的分型面，如图 5.2.52 所示。

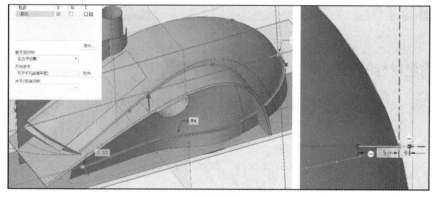

图 5.2.52

最后，对滚轮进行斜切角处理，如图 5.2.53 所示。

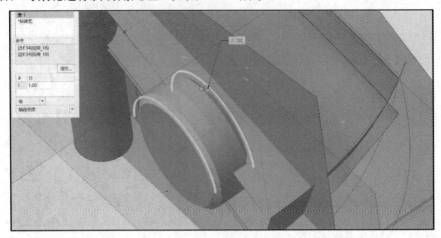

图 5.2.53

这样，鼠标的骨架文件就完成了，如图 5.2.54 所示。

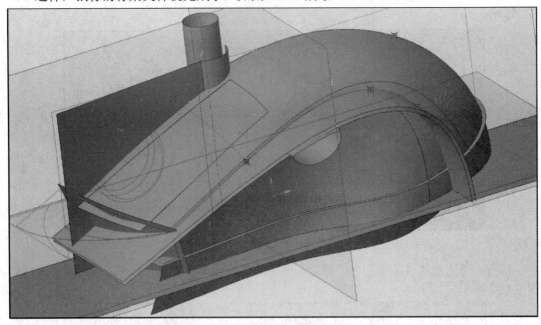

图 5.2.54

5.2.8 构建鼠标的顶部零件

接下来，我们开始创建鼠标的各部分零件，先从鼠标的顶部零件入手。

首先，点击选择"菜单"→"模型"→"创建"选项，类型选"零件"，子类型选"实体"，文件名设为"shubiao-shanggai"，点击"确定"；接着，我们选择创建方法为"从现有项复制"，点击"确定"；约束类型选择"默认"，点击"确定"。

接下来，点击选择"菜单"→"模型"→"复制几何"选项，从骨架控制文件中导入如图 5.2.55 所示的曲面。

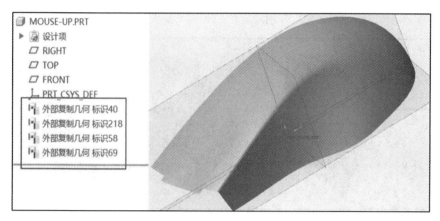

图 5.2.55

接着，点击选择"菜单"→"模型"→"复制几何"选项，导入偏移出的分型面，如图 5.2.56 所示。

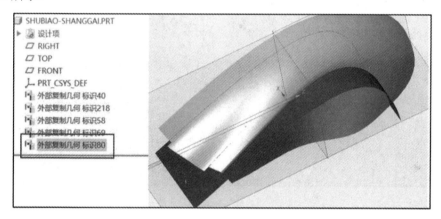

图 5.2.56

然后，点击选择"菜单"→"模型"→"延伸"选项，分别对如图 5.2.57 所示的曲面进行延伸(即鼠标头部顶面)。

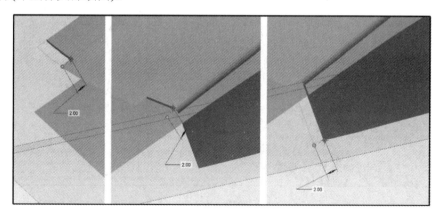

图 5.2.57

接着，点击选择"菜单"→"模型"→"偏移"选项，对上述面分别进行偏移，距离为 2 mm，偏移出壁厚，如图 5.2.58 所示。

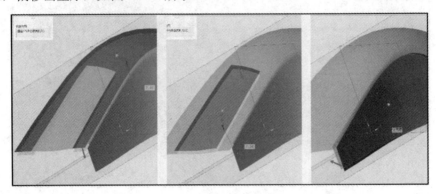

图 5.2.58

如图 5.2.59 所示，此面在分型面的上方，因有倒扣，所以需要切掉。

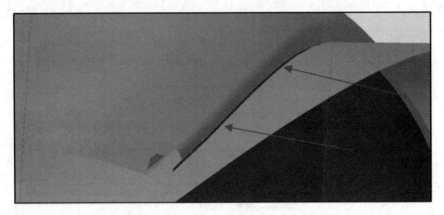

图 5.2.59

点击选择"菜单"→"模型"→"相交"选项，求取侧面与分型面的交线，如图 5.2.60 所示。

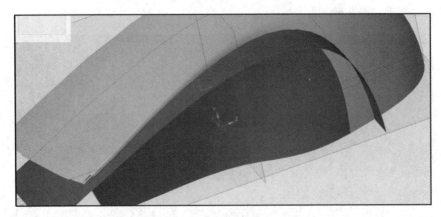

图 5.2.60

接着，点击选择"菜单"→"模型"→"拉伸"选项，将交线一侧的如图 5.2.61 所示的曲面切掉(注意约束到曲面端点)。

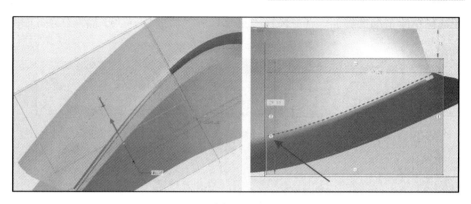

图 5.2.61

　　然后，点击选择"菜单"→"模型"→"拉伸"选项，切除侧面交线上方的曲面(即产生倒扣的曲面)，如图 5.2.62 所示。

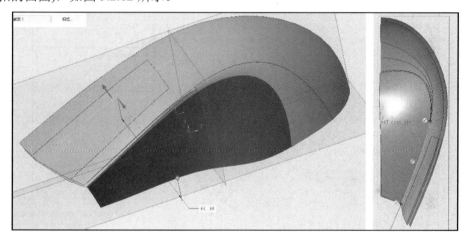

图 5.2.62

接着，点击选择"菜单"→"模型"→"合并"选项，合并顶部曲面，如图 5.2.63 所示。

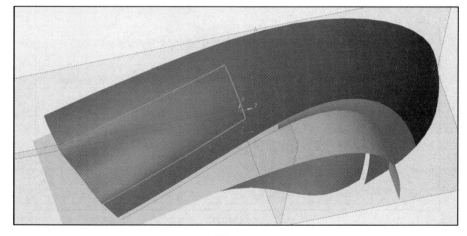

图 5.2.63

接下来，我们要绘制被切掉圆角的边界线。点击选择"菜单"→"模型"→"草绘"

选项,在选择草绘基准的界面,点击选择"菜单"→"模型"→"平面"选项,如图 5.2.64 所示。

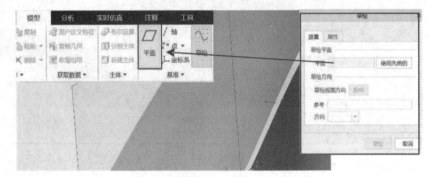

图 5.2.64

然后,我们选择如下两点和 RIGHT 基准面,创建如图 5.2.65 所示的基准面。

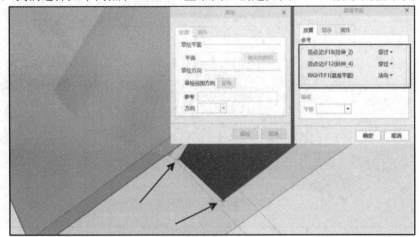

图 5.2.65

点击"确定"后进入草绘,如图 5.2.66 所示。

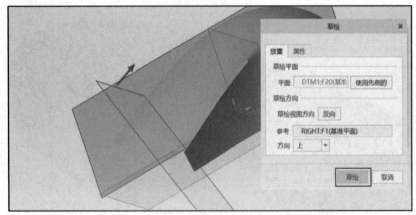

图 5.2.66

绘制如图 5.2.67 所示的辅助线,点击"确定"完成(事实上只画了一条辅助线,因为这个边界线是三维曲线)。

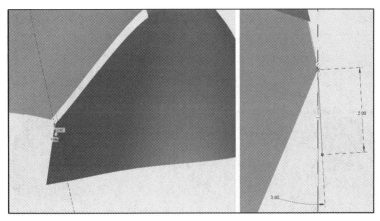

图 5.2.67

接着，我们点击选择"模型"→"基准"→"曲线"→"通过点的曲线"选项，如图 5.2.68 所示。

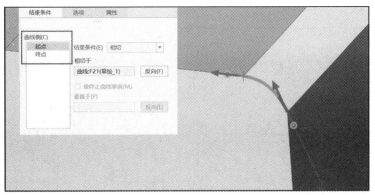

图 5.2.68

然后，点击选择"菜单"→"模型"→"边界混合"选项，创建边界混合面(注意 2 条边相切，2 条边自由)，如图 5.2.69 所示。

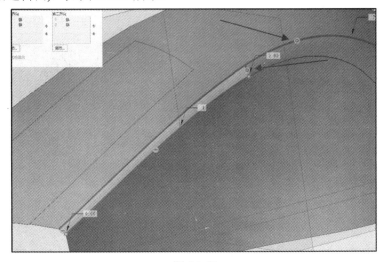

图 5.2.69

接着，点击选择"菜单"→"模型"→"合并"选项，合并如图 5.2.70 所示的 3 个曲面。

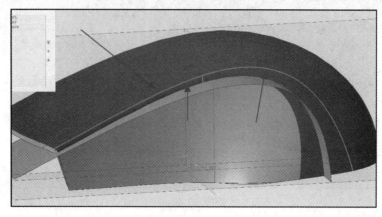

图 5.2.70

接下来，点击选择"菜单"→"模型"→"延伸"选项，对下边缘进行适当延伸，如图 5.2.71 所示。

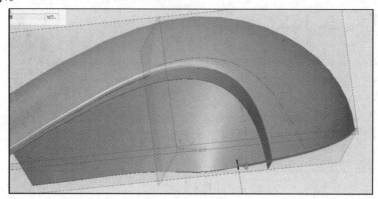

图 5.2.71

然后，点击选择"菜单"→"模型"→"合并"选项，合并顶面与分型面，如图 5.2.72 所示。

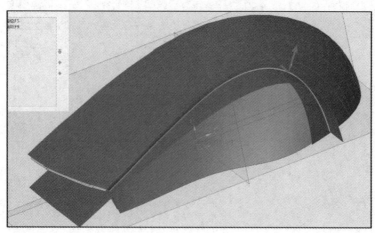

图 5.2.72

接着，点击选择"菜单"→"模型"→"复制几何"选项，分 2 次分别导入如图 5.2.73 所示的曲面。

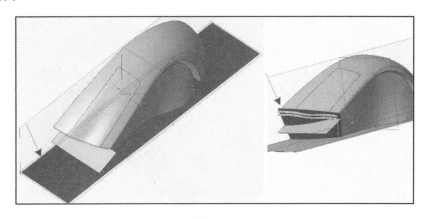

图 5.2.73

然后，点击选择"菜单"→"模型"→"合并"选项，分别合并新导入的 2 个曲面，如图 5.2.74 所示。

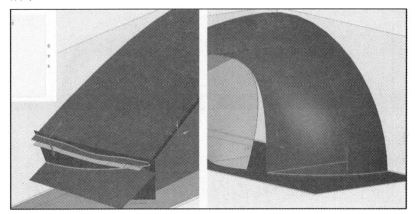

图 5.2.74

最后，进行镜像、合并曲面，如图 5.2.75 所示。

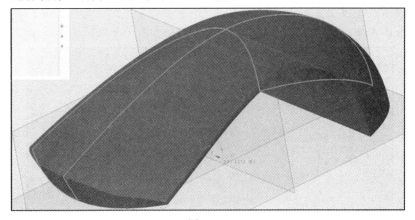

图 5.2.75

接下来，我们要开始制作壳体内表面曲面。

首先，我们需要隐藏合并的外表面，然后显示偏移出的曲面，如图 5.2.76 所示。

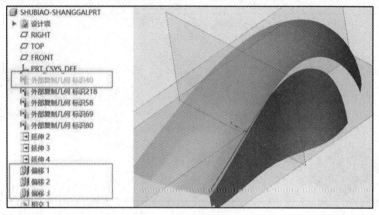

图 5.2.76

接着，点击选择"菜单"→"模型"→"合并"选项，合并这两个偏移面，如图 5.2.77 所示。

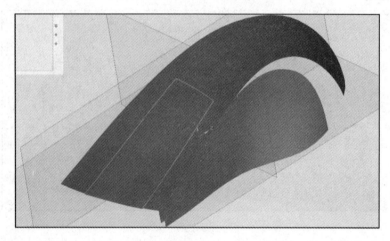

图 5.2.77

然后，点击选择"菜单"→"模型"→"边界混合"选项，对这个缺口进行简单的边界混合，壳体内表面要求不高，大体上保证壁厚均匀即可，如图 5.2.78 所示。

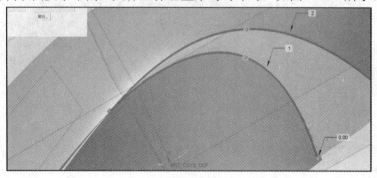

图 5.2.78

接着，点击选择"菜单"→"模型"→"合并"选项，分别合并如图 5.2.79 所示的曲面。

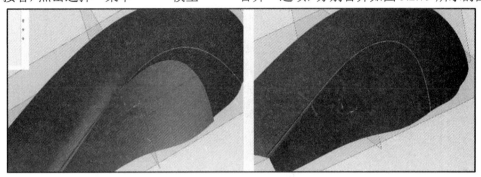

图 5.2.79

点击选择"菜单"→"模型"→"倒圆角"选项，因为外壁是圆弧过渡，所以内壁也要倒个圆角，如图 5.2.80 所示。

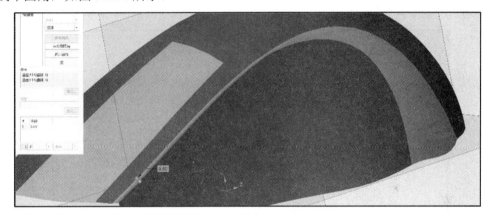

图 5.2.80

然后，点击选择"菜单"→"模型"→"延伸"选项，因为准备用这个面来切上面完成的外表面，所以要保证这个面全部伸出至外表面外，如图 5.2.81 所示。

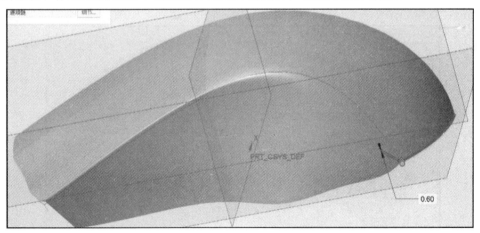

图 5.2.81

接着，我们进行镜像和合并，如图 5.2.82 所示。

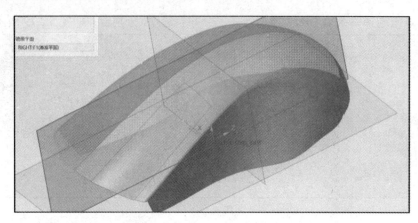

图 5.2.82

接下来,取消外表面的隐藏,如图 5.2.83 所示(通过点击选择"菜单"→"视图"→"外观"选项,给外侧曲面简单地加了颜色以便观察)。

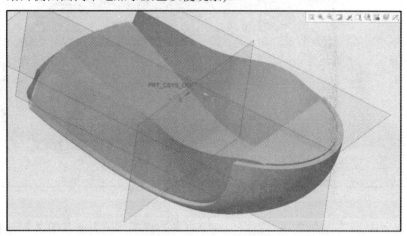

图 5.2.83

然后,点击选择"菜单"→"模型"→"实体化"选项,如图 5.2.84 所示。

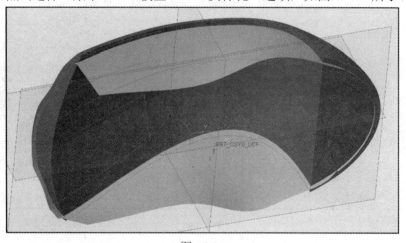

图 5.2.84

接着，点击选择"菜单"→"模型"→"复制"→"粘贴"选项，备份内部曲面留作后用(该曲面需要留给其他零件使用，如果无法预见到这一点也不要紧，当其他零件建模需要时，再进行备份即可)，复制后，我们可以直接将其隐藏，如图 5.2.85 所示。

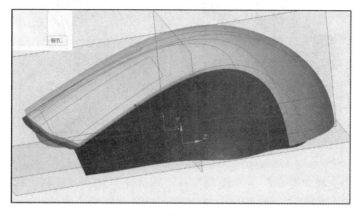

图 5.2.85

接下来，点击选择"菜单"→"模型"→"实体化"选项，选择"移除材料"，切掉内部多余的实体，把鼠标上盖做成壳体，如图 5.2.86 所示。

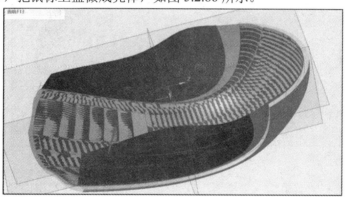

图 5.2.86

然后，点击选择"菜单"→"模型"→"复制几何"选项，从骨架控制文件中导入鼠标的顶部特征曲面，如图 5.2.87 所示。

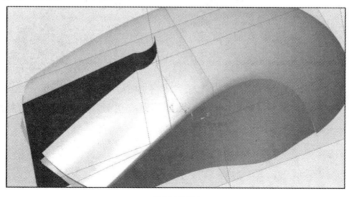

图 5.2.87

接着，进行镜像和合并，如图 5.2.88 所示。

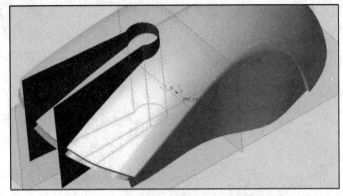

图 5.2.88

接下来，点击选择"菜单"→"模型"→"实体化"选项，选择"移除材料"，切掉多余的部分，如图 5.2.89 所示(隐藏了上述步骤中备用的曲面)。

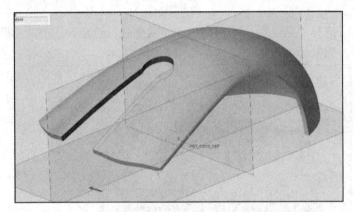

图 5.2.89

然后，点击选择"菜单"→"模型"→"偏移"选项，偏移类型选择"展开"，[Ctrl]键选择，对如图 5.2.90 所示的曲面进行偏移(这里只是给它做个装配的间隙)。

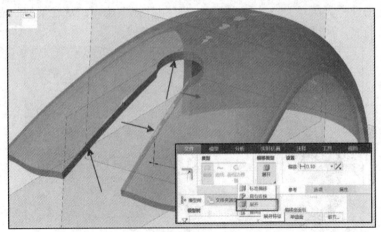

图 5.2.90

接着，点击选择"菜单"→"模型"→"复制几何"选项，从骨架控制文件中导入如图 5.2.91 所示的曲面(即扫描的分型面)。

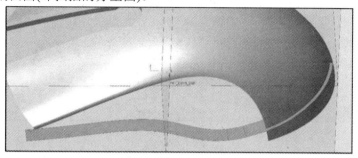

图 5.2.91

重复上面的操作，即"镜像""合并""实体化"，切掉上盖中多出的部分，如图 5.2.92 所示。

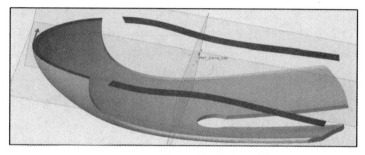

图 5.2.92

最后，需要进行必要的倒圆角等操作，这样就完成了如图 5.2.93 所示的鼠标上盖的建模。

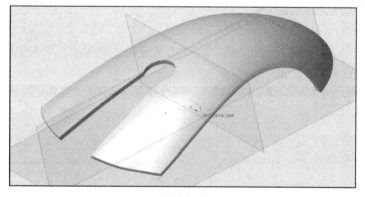

图 5.2.93

鼠标上盖的建模方法是手动出壳的标准方法。通常遇到"壳"工具无法出壳的情况时，就只能手动出壳了。手动出壳的思路是，对每个面进行偏移，然后合并。对于无法偏移的，则需要重新搭建曲面来完成。

5.2.9　完成鼠标的其他零件

接下来，要完成鼠标其他零件的建模。

首先，在装配状态下，需要创建一个新零件"shubiao-cegai"，如图 5.2.94 所示。

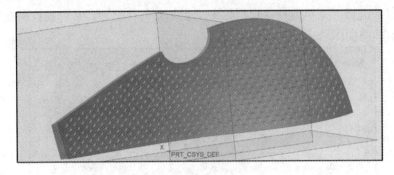

图 5.2.94

对于该零件侧面的凹坑装饰，这里采用填充阵列的方式进行设置，具体设置如图 5.2.95 所示。

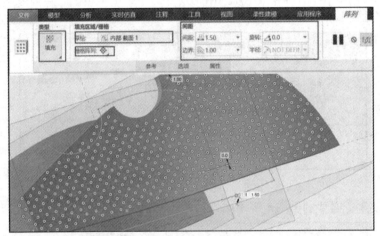

图 5.2.95

另一个侧盖因与 shubiao-cegai 对称，可以直接使用"镜像元件"来生成，但需要注意参数的设置，如图 5.2.96 所示。

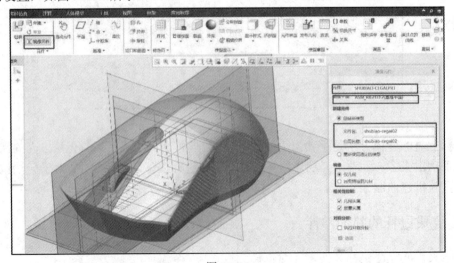

图 5.2.96

接下来，创建零件"shubiao-digai"，如图 5.2.97 所示。

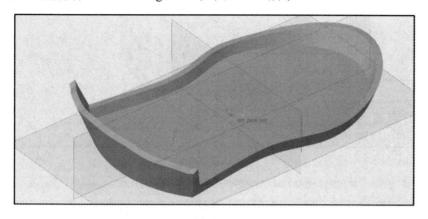

图 5.2.97

然后创建零件"shubiao-fujian"，如图 5.2.98 所示。

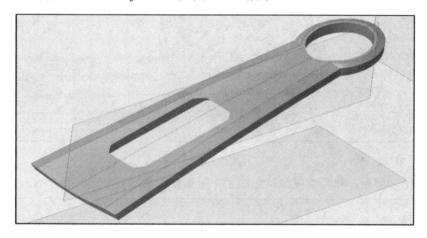

图 5.2.98

接着创建零件"shubiao-dinganjian"，如图 5.2.99 所示。

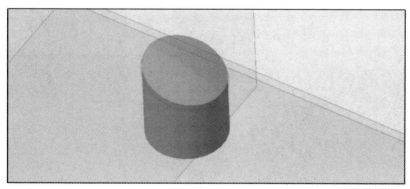

图 5.2.99

继续创建零件"shubiao-ceanjian"，如图 5.2.100 所示。

图 5.2.100

最后创建零件"shubiao-gunlun",零件如图 5.2.101 所示。

图 5.2.101

完成以上步骤后,鼠标的模型就完成了,效果如图 5.2.102 所示。

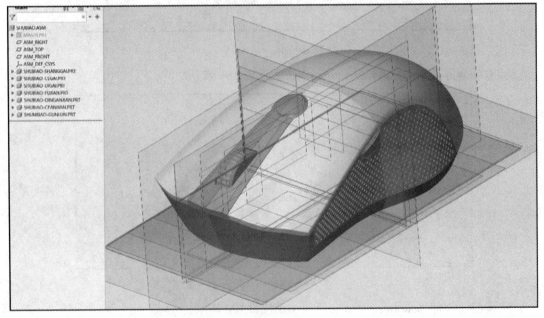

图 5.2.102

本 章 小 结

　　本章介绍了复杂曲面的参数化建模方法，通常采用分面的方法来完成复杂曲面的建模。在这个过程中，难免会出现五边形、六边形等面的情况，而这是复杂曲面建模的真正难点。因此，本章提供了分面练习和三通管练习，以帮助读者提高复杂曲面建模的思路和技巧。

　　除此之外，本章还以鼠标参数化建模为例，详细介绍了复杂曲面建模的全过程。这包括了鼠标的曲面分析、建立鼠标文件项目、空间声明和鼠标轮廓线、构建鼠标的顶面、侧面和过渡面、构建鼠标的细节特征曲面、构建鼠标的顶部零件以及完成其他零件。通过这个实例，读者可以深入了解复杂曲面的建模思路和方法，掌握参数化建模的技巧。

　　总的来说，在参数化建模中，复杂曲面的建模是一个比较高难度的任务。通过本章的学习和实践，读者可以提高自己的建模水平，掌握更多的技巧和方法，为工业设计建模工作打下更加坚实的基础。

课 后 练 习

　　在本章的学习结束后，建议尝试使用更多的方法来连接三通管的曲面，以便更好地掌握复杂曲面建模的方法和技巧。同时，也可以尝试用新的方法来构建一个鼠标，进一步加强自己的建模能力。

第6章 非参数化建模模块

本章将介绍 Creo 中非常实用且功能强大的两个非参数化建模模块：样式(Style)和自由样式(FreeStyle)，如图 6.0.1 所示(需要说明的是，老版本的 Creo 及更早的 ProE 中 Style 译作"造型"，因此在软件界面中可能会出现"造型"的翻译)。这些模块可以帮助用户快速地创建复杂的几何形体，而且非常灵活。虽然这两个模块可以独立使用，但我们并不推荐这样做，因为它们拥有非参数化软件的普遍缺点。相反，我们建议将它们与参数化建模相结合，来最大程度地发挥它们的长处，同时避开其短处。

本章的目的是介绍如何将这些非参数化建模模块与参数化建模相结合，以实现更高效、更灵活的建模流程。需要注意的是，本章节并不会对这些模块进行全面的介绍，而是重点介绍它们在参数化建模中的应用。因此，我们将只介绍参数化建模能用到的工具，以帮助读者更好地理解如何将这些非参数化建模模块与参数化建模相结合。

图 6.0.1

6.1 样 式

本节将介绍样式模块，其界面如图 6.1.1 所示。样式模块是一款非参数化曲面建模软件 CDRS 的衍生产品，因此其功能比较全面，且可以独立建模。然而，与 Rhinoceros 等其他非参数化建模软件相比，样式模块的操作相对烦琐，因此，我们并不推荐单独使用样式模块进行建模。相反，我们更倾向于将样式模块与参数化建模相结合，以发挥二者的长处。因此，本书中介绍的样式模块功能也只是其与参数化建模相结合的部分。

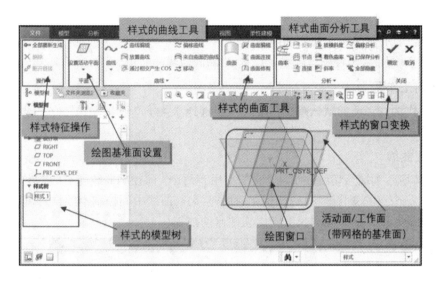

图 6.1.1

6.1.1　样式曲线的绘制

要绘制样式曲线，首先需要点击选择"菜单"→"样式"→"曲线"选项，如图 6.1.2 所示，进入样式曲线绘制的详细界面，如图 6.1.3 所示，下面将对界面中的一些关键概念做具体阐述。

1. 曲线的类型

自由曲线：指的是绘制一条空间三维曲线。

平面曲线：指的是绘制一条位于工作面上的平面曲线。

曲面曲线：指的是绘制一条位于曲面上的曲线。

图 6.1.2

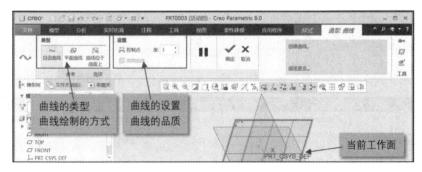

图 6.1.3

2. 曲线的设置

控制点：打开或者关闭曲线的控制线。

度：用于增加/减少控制点数量，以提高/降低曲线的质量。

3. 当前工作面

当前工作面：当前的默认绘图基准，点击选择"菜单"→"样式"→"设置活动面"选项来设置。

4. 样式曲线

图 6.1.4 所示为端点切线控制柄。它的作用有两个，即控制曲线端点的方向和控制从端点开始到下一个点的变化速度(越长变化速度越慢)。曲线中间控制点的位置可以通过移动来编辑，但是它的切线方向和长度则由软件自动控制。

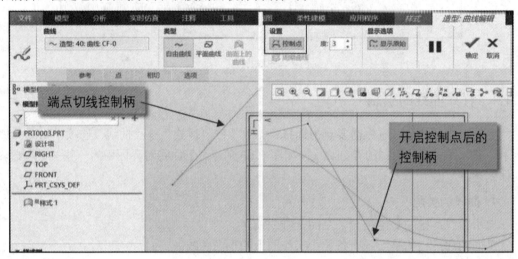

图 6.1.4

如果开启"控制点"工具，曲线会显示出它所有点的控制柄，调整这些点的位置和方向，即可调整曲线内部所有的点。

5. 样式曲线的基本操作

选择点/曲线：通过单击可以选择曲线或者曲线上的点。

移动点/曲线切线/曲线：鼠标左键拖动。

捕捉：按[Shift]键，单击或者拖动，即可进行对已有基准进行捕捉。

垂直移动：按[Alt]键可垂直拖动(垂直于绘图面)。

曲线延伸：[Shift + Alt]键可对曲线进行延伸。

右键菜单：对各种元素(点、线、面)右键，弹出相应的菜单，如图 6.1.5 和图 6.1.6 所示。

图 6.1.5

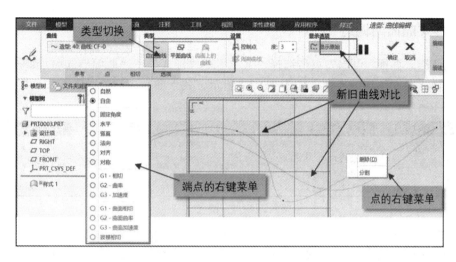

图 6.1.6

6.1.2 样式曲线的编辑

样式的编辑界面与绘制界面基本相同，但编辑界面没有绘制时产生点的干扰，因此操作起来更方便。端点的连接关系可以参考图 6.1.7 进行设置。

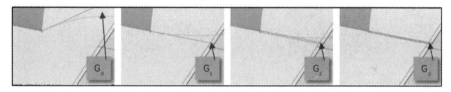

图 6.1.7

如果需要精确控制端点的详细参数，如切线角度、切线连接方式和切线长度等，可以在点选项卡和相切选项卡中进行详细的设置，如图 6.1.8 所示。

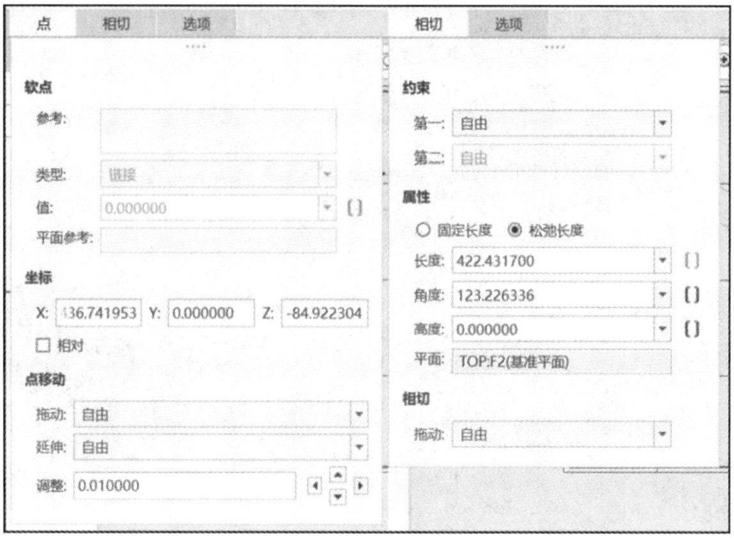

图 6.1.8

6.1.3　样式曲面的构造

　　要构造样式曲面，可以先点击选择"菜单"→"样式"→"曲面"选项，如图 6.1.9 所示，进入样式曲面的详细界面，如图 6.1.10 所示。关于曲面构造的详细方法，如图 6.1.11 和图 6.1.12 所示。

图 6.1.9

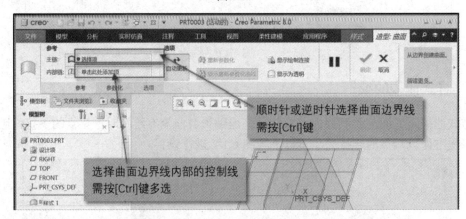

图 6.1.10

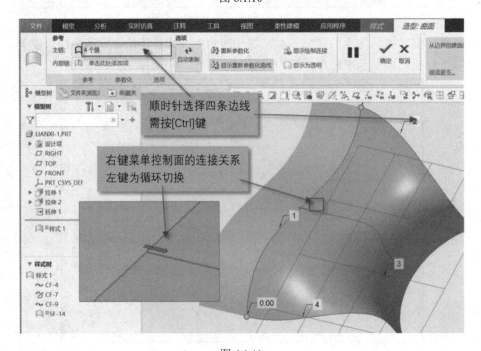

图 6.1.11

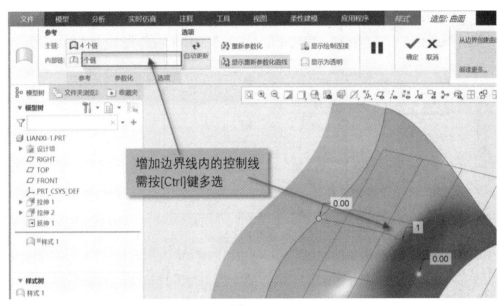

图 6.1.12

6.1.4　样式曲面的编辑

样式曲面的编辑可以使用如图 6.1.13 所示的功能，然而，笔者并不推荐使用该功能，因为该功能并不友好，操作很烦琐，如图 6.1.14 所示。

图 6.1.13

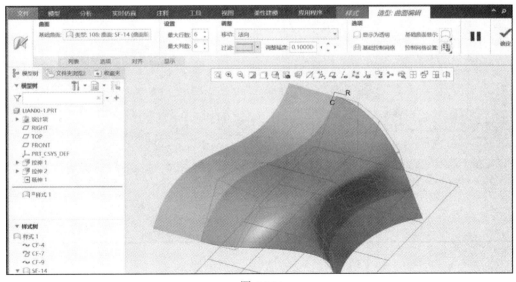

图 6.1.14

相比之下，推荐使用样式树左键菜单的编辑功能，如图 6.1.15 所示，该编辑功能的界面与创建样式曲面界面基本相同，因此这里不做过多介绍了。

图 6.1.15

样式曲面的连接也有类似的操作方式，这里也同样略过。

样式曲面的修剪如图 6.1.16、图 6.1.17 所示，具有以下特点：

(1) 可以修剪参数化曲面，也可以修剪样式中创建的曲面；

(2) 用来修剪的"剪刀"，只能是曲线。

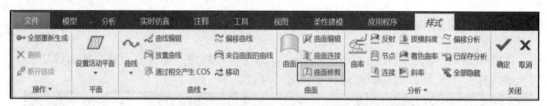

图 6.1.16

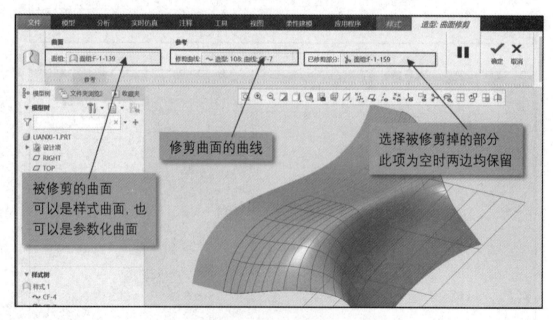

图 6.1.17

6.1.5　样式在参数化曲面建模中的应用

接下来，我们通过一个实际的例子来学习如何使用样式(Style)。

在启动前，我们需要预先拉伸两个参数化曲面，如图 6.1.18 所示，并将它们连接起来。

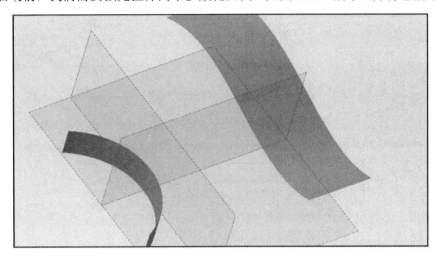

图 6.1.18

如果直接采用边界混合来连接，效果会很一般，因为两个边已经扭曲了，如图 6.1.19 所示。为了有更好的控制性，需要做出曲面的两个边界。但是，边界是三维曲线，绘制起来比较复杂。

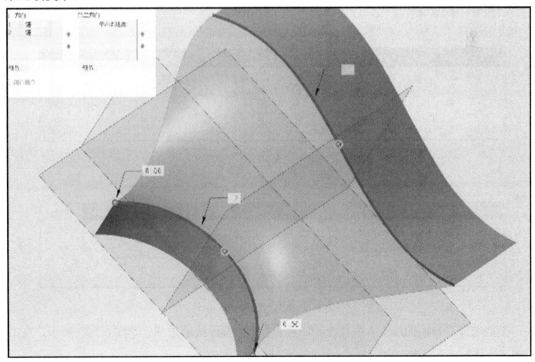

图 6.1.19

　　虽然可以使用 Creo 自带的非参数化工具"通过点的曲线"来做，如图 6.1.20 所示，但是该功能的编辑控制非常有限，给曲线添加控制点的操作也较为复杂。

图 6.1.20

能够兼顾控制性和便捷性的方法只有样式(Style)。

点击选择"菜单"→"模式"→"样式"选项，如图 6.1.21 所示。

图 6.1.21

然后再点击选择"菜单"→"样式"→"曲线"选项，如图 6.1.22 所示。

图 6.1.22

　　类型选择"自由曲线"，按住[Shift]键点选 2 条要连接的边线，如图 6.1.23 所示，点击"确定"完成。

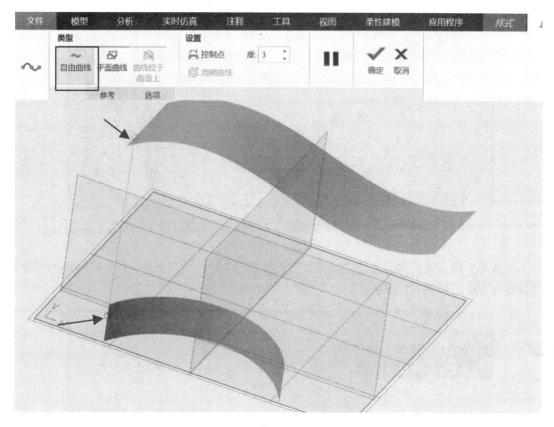

图 6.1.23

说明一：[Shift]键在样式中用作锁定选取，可以用来选择点、线、面等元素，也可以用以选择交点、交线等元素。

说明二：为何不选择两个端点，而是选择 2 条边线？原因是这样可以更简单地建立相切、连续等关系。如果直接选择端点，则每个端点涉及 2 条边，样式默认会与任意一边建立关系，如果不符合意图，则需要重新选择，这样远不如直接选择边更加便捷。

说明三：为了避免绘制功能的干扰，绘制中的打点务求简单直接，把描点、确定形状的工作放在编辑曲线中进行。

接下来编辑刚绘制的曲线，点击选择"菜单"→"样式"→"曲线编辑"选项，如图 6.1.24 所示。

图 6.1.24

选择端点，如图 6.1.25 所示，将其移动到边线的顶端。可以试着拖动切线控制柄，体会其作用。最后在控制柄上点击右键，选择相切。

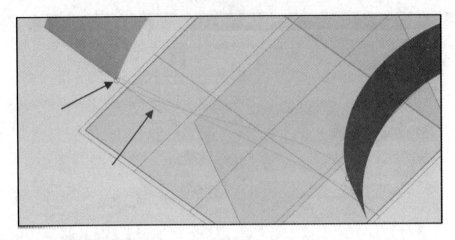

图 6.1.25

在将两个端点移动到边线的顶端并设置相切之后，转换到正视图，调整控制柄的长度，试着微调曲线，如图 6.1.26 所示。

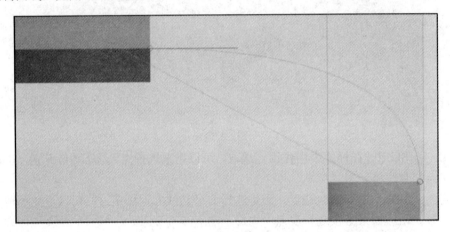

图 6.1.26

接下来在曲线上点击右键，弹出菜单，选择添加点(删除点的方法也相同)，如图 6.1.27 所示。

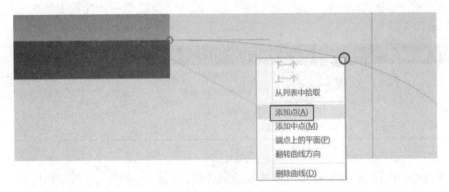

图 6.1.27

编辑点的位置，如图 6.1.28 所示，然后点击"确定"完成。

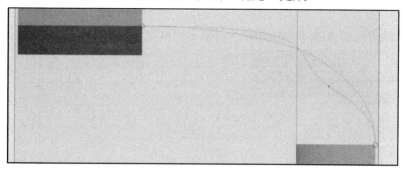

图 6.1.28

接下来创建第二条线。选择平面曲线，并打开"参考"选项，选择"FRONT 基准面"，如图 6.1.29 所示。

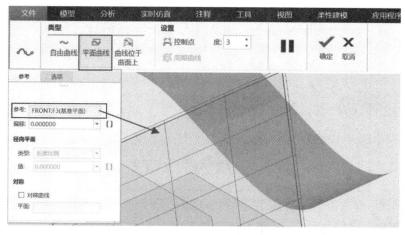

图 6.1.29

在样式(Style)中，系统默认设置 TOP 基准平面为活动面(以网格标示)。活动面是平面曲线默认绘制的平面，如果需要永久修改活动面，可以点击选择"菜单"→"样式"→"设置活动平面"选项来进行修改。

按下[Shift]键，点选如图 6.1.30 所示的 2 条边，绘制出位于活动平面上的平面曲线，绘制完成后点击"确定"。

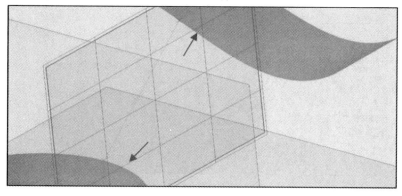

图 6.1.30

接下来点击选择"菜单"→"样式"→"曲线编辑"选项，选择刚才绘制的曲线，并转换到正视图。选择端点，右键控制柄，并选择"曲面相切"选项，使曲线与该曲面相切。然后在曲线上添加点，如图 6.1.31 所示，并点击"确定"完成。

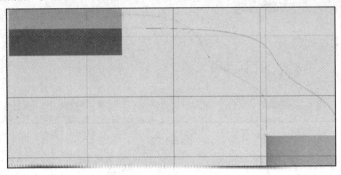

图 6.1.31

接着将类型选为"自由曲线"，再绘制出第三条线，如图 6.1.32 所示。

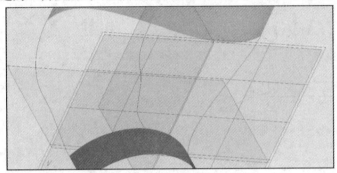

图 6.1.32

最后需要建立连接曲面。点击选择"菜单"→"样式"→"曲面"选项，进入样式曲面创建界面。依次(顺时针或逆时针)选择 4 条边线，内部参考链选择中间的控制线，如图 6.1.33 所示。

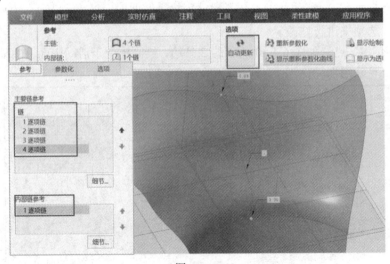

图 6.1.33

开启"自动更新"选项即可让样式因曲线变化而自动更新。

另外，关于新建曲面与原有曲面的连接关系，在样式中以小箭头标识，如图 6.1.34 所示。可以左键点击切换连接关系，或在右键菜单中选择。

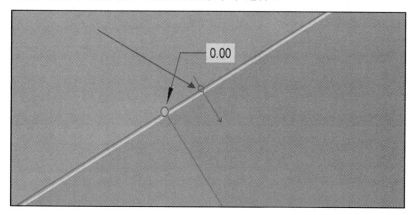

图 6.1.34

此外，样式也具有参数化的特性。可以试着修改一下控制线：第一条线修改为如图 6.1.35 所示。

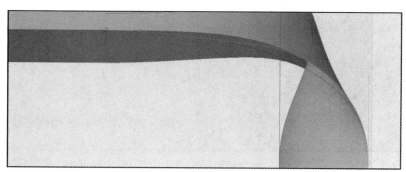

图 6.1.35

第二条线修改为如图 6.1.36 所示。

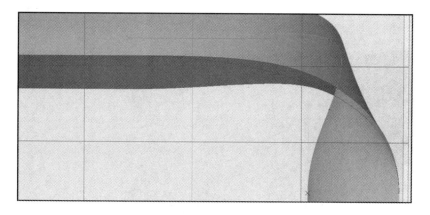

图 6.1.36

修改完成后打开"自动更新"选项，效果如图 6.1.37 所示。

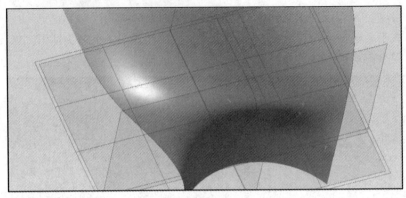

图 6.1.37

6.1.6　实例——构建三通管

下面我们来试着构建如图 6.1.38 所示的三通管。

图 6.1.38

首先，点击选择"菜单"→"样式"→"曲线"选项，然后点击选择"菜单"→"样式"→"编辑"选项，绘制和编辑出如图 6.1.39 所示的曲线。

图 6.1.39

接下来，点击选择"菜单"→"样式"→"曲面"选项，如图 6.1.40 所示，以上述曲线为基础建立出曲面。

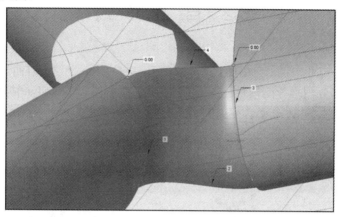

图 6.1.40

完成后如图 6.1.41 所示。

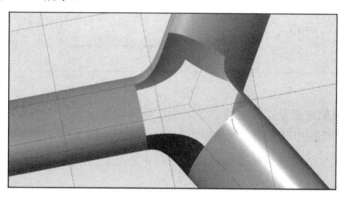

图 6.1.41

再次点击选择"菜单"→"样式"→"曲面"选项，建立六边面，如图 6.1.42 所示。

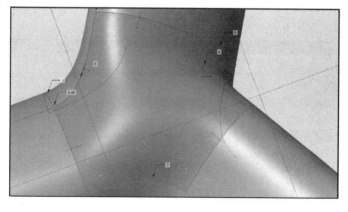

图 6.1.42

在 Creo 参数化建模中，需要费劲地解决五边以上面的修补问题。但在样式中却可以毫不费力地完成，这正是样式的优势所在。

6.2 自由样式

对于工业设计专业来说，自由样式(FreeStyle)模块是 Creo 在建模方面最精彩的模块，没有之一，也是笔者强烈推荐的模块。图 6.2.1 展示了自由样式(FreeStyle)模块的详细界面。

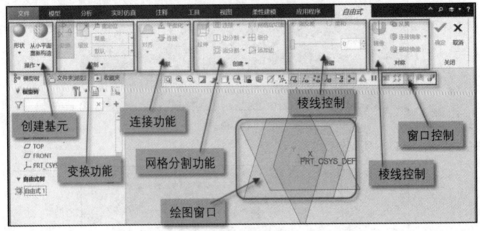

图 6.2.1

自由样式的建模思路是：首先建立基本型，然后通过变换操作将基本型改造成需要建模的曲面或形体。在自由样式中，变换操作包括网格的分割、合并，网格的移动、旋转、缩放，网格的镜像，以及网格与参数曲线、曲面的连接等。

6.2.1 自由样式的基元

自由样式中的基元，也就是基本型，可以通过小平面构造和导入网格两种方式来生成。二者的差别是，前者会先把网格面(如.obj 格式模型)进行处理，然后再由自由样式引用；后者是直接导入使用，如图 6.2.2 所示。

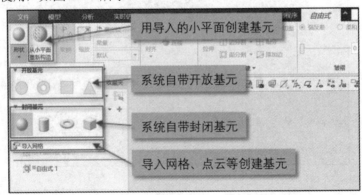

图 6.2.2

虽然这两种方式在功能上略有不同，但都不太适合进行造型和建模的工作，因为它们所包含的点和面数量较多。为了便于理解,图 6.2.3 是根据球形小平面产生的基元,相比之下,使用系统自带的基元会更加方便和高效。

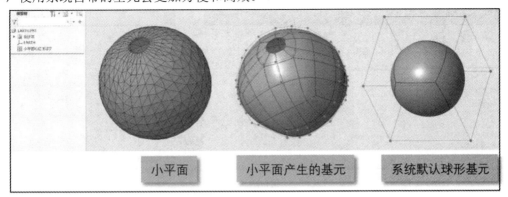

图 6.2.3

对于系统自带的基元,通常会根据曲面特征和棱线特点来进行选择。根据笔者的经验,即使基元选择错误了,也不会有太大问题(当然需要费点功夫去解决)。一般来说,对于封闭曲面,可以选择球形基元;对于开放的图形,则可以选择圆形基元。

6.2.2 自由样式的变换

自由样式的变换可以用来改变模型的形状、大小和位置。常见的自由样式变换包括移动、旋转和缩放,这些变换可以使用位移器的控制点来精确定位,也可以使用鼠标或键盘来进行粗略操作,详细界面及工具如图 6.2.4 所示。

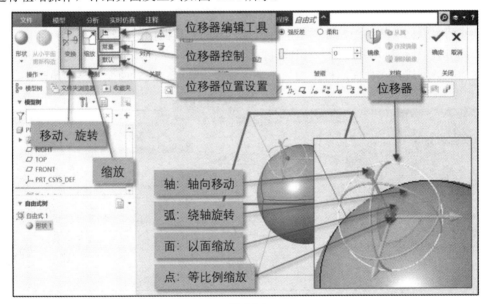

图 6.2.4

6.2.3 自由样式的网格对齐

在自由样式界面中提供了网格对齐工具,如图 6.2.5 所示,可以将模型的网格按照一定规则对齐到平面或已有基准，包括曲线和面的边界线。网格对齐工具可以让用户更加精细地控制模型的表面和形状，从而提高模型的质量和精度。

图 6.2.5

6.2.4　自由样式曲面的编辑

在自由样式曲面编辑界面中，有一组强大的工具可以帮助用户对曲面网格进行编辑和调整，包括垂直拓展一组网格、按比例分割网格、向内拓展一组网格、连接两组网格、分离所选的网格和增加一条网格，如图 6.2.6 所示，此类工具的功能具体如下：

垂直拓展一组网格：将所选的一组曲面网格沿着垂直方向进行拓展，从而增加曲面的高度或深度。

按比例分割网格：按照比例将曲面网格进行分割，从而增加曲面的细节和精度。

向内拓展一组网格：将所选的一组曲面网格沿着内部方向进行拓展，从而增加曲面的厚度或宽度。

连接两组网格：将两组曲面网格进行连接，从而实现曲面的平滑过渡。

分离所选的网格：将所选的一组曲面网格进行分离，从而实现对曲面的局部调整。

增加一条网格：在曲面网格上增加一条边或线，从而实现对曲面的精细调整。

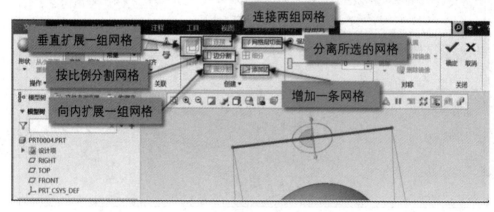

图 6.2.6

6.2.5　自由样式曲面的皱褶

自由样式曲面的皱褶是一种可以用于模拟布料、皮革等柔性材料表面的几何特征建模技术。在自由样式曲面中，用户可以使用皱褶工具创建一组皱褶线，并通过调整皱褶线的强反差与柔和系数来实现不同的皱褶效果，如图 6.2.7 所示。此外，用户还可以通过调整皱褶的深度和宽度来控制皱褶的大小和形状。

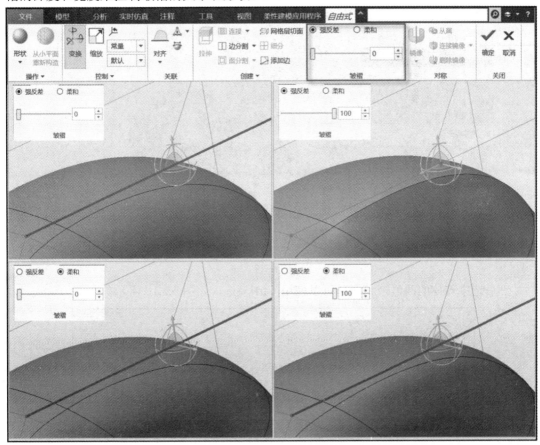

图 6.2.7

在实际应用中，自由样式曲面的皱褶技术常用于汽车座椅、家具、服装等柔性材料的设计和建模。通过使用皱褶技术，设计师可以更加精确地模拟柔性材料的表面特征，从而提高设计的真实感和可信度。

6.2.6　实例——香蕉的自由样式建模

自由样式(FreeStyle)模块造型功能强大，可以帮助用户轻松地完成任何复杂的曲面建模。下面我们以香蕉的建模为例，来介绍自由样式(FreeStyle)的主要工具和具体操作。

自由样式模块的菜单显示如图 6.2.8 所示。

图 6.2.8

在开始自由样式建模之前，我们需要创建一个基元(基础形)来激活其他工具。基元有三种类型，分别是开放形、封闭形和外部导入 Obj 形。

由于香蕉是个长条的封闭形，虽有棱角但棱角圆润，所以我们可以选择球体作为基元。点击选择"菜单"→"自由式"→"形状"→"球形"选项，如图 6.2.9 所示。

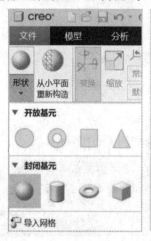
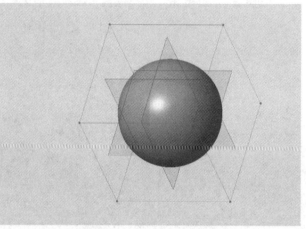

图 6.2.9

然后选中球体的两侧控制面，可以使用[Ctrl]多选，如图 6.2.10 所示。

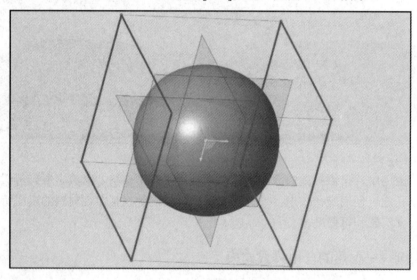

图 6.2.10

接着点击选择"菜单"→"自由式"→"缩放"选项，如图 6.2.11 所示。

图 6.2.11

在自由样式模块中，曲面本身并不能直接被编辑，真正能被编辑的是曲面外面的控制网格。控制网格包含三种可编辑的元素，分别是点、线、面。当选中控制网格时，会出现位移器，通过操作位移器即可编辑控制网格。

接下来可以使用缩放工具沿着坐标轴拖动，大体拖出香蕉的长度，如图 6.2.12 所示。

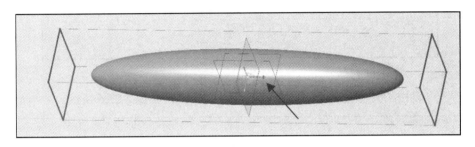

图 6.2.12

然后选择拉长的任何一个控制边，点击选择"菜单"→"自由式"→"边分割"→"三次分割"选项，如图 6.2.13 所示。

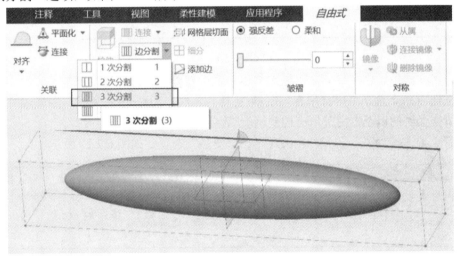

图 6.2.13

分割完成后如图 6.2.14 所示。

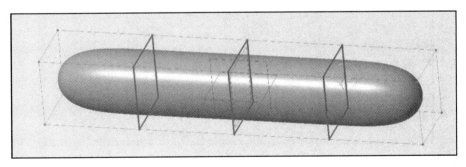

图 6.2.14

接下来，转到 FRONT 视图，并将显示调整为"网格模式"，如图 6.2.15 所示。

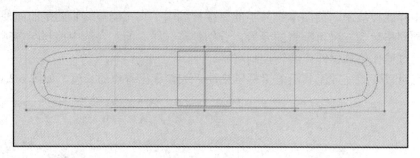

图 6.2.15

然后，可以按[Ctrl]多选，分三次框选三组控制网格，如图 6.2.16 所示。

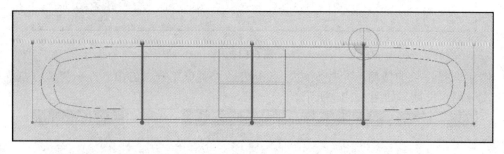

图 6.2.16

在自由样式中，由左侧向右侧框选与由右侧向左侧框选的选择规则是不同的。由左侧向右侧框选时，会选择框内部所有控制柄(包括点、线、面)；由右侧向左侧框选时，会选择框线所交叉到的以及框内部所有控制柄(包括点、线、面)。

接着点击选择"菜单"→"自由式"→"变换"选项，如图 6.2.17 所示。

图 6.2.17

然后沿着坐标轴向下拖动，如图 6.2.18 所示。

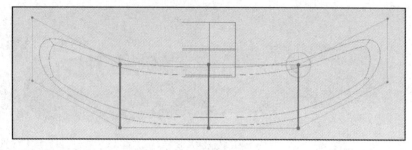

图 6.2.18

接下来框选中间的控制网格，点击选择"菜单"→"自由式"→"变换"选项，沿着坐标轴向下拖动，如图 6.2.19 所示。

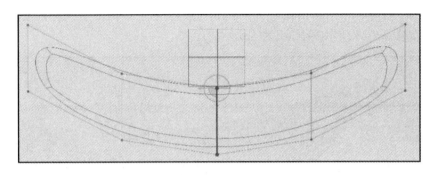

图 6.2.19

　　然后框选一端的控制网格，点击选择"菜单"→"自由式"→"变换"选项，沿着坐标上的圆环拖动，如图 6.2.20 所示。

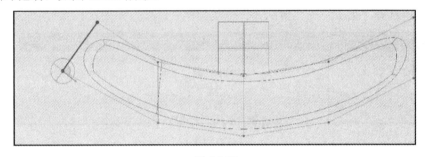

图 6.2.20

重复旋转步骤，依次调整各组控制网格，如图 6.2.21 所示。

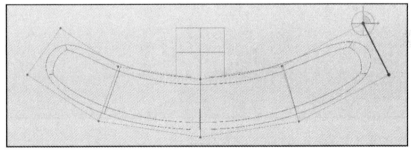

图 6.2.21

接下来选择一侧顶端控制面，如图 6.2.22 所示。

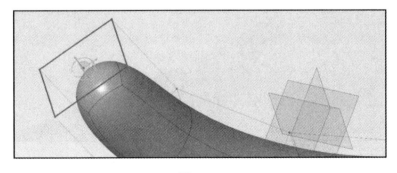

图 6.2.22

点击选择"菜单"→"自由式"→"缩放"选项，按住[Ctrl]键在坐标轴上拖动，将控制面缩小至如图 6.2.23 所示(按[Ctrl]为等比缩放)。

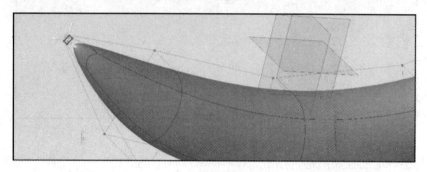

图 6.2.23

然后点击选择"菜单"→"自由式"→"拉伸"选项，如图 6.2.24 所示。

图 6.2.24

伸出一组控制网格，如图 6.2.25 所示。

图 6.2.25

接着点击选择"菜单"→"自由式"→"拉伸"选项，伸出第二组控制网格，如图 6.2.26 所示。

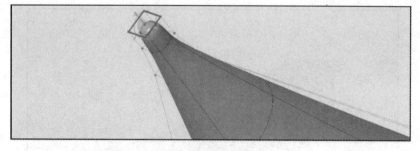

图 6.2.26

然后调整尾部的控制网格，使它看起来像香蕉梗，如图 6.2.27 所示。

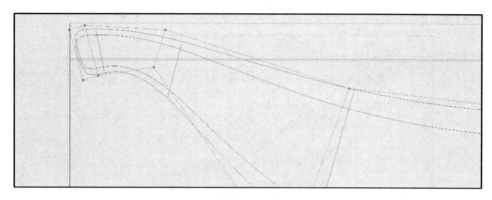

图 6.2.27

接着点击选择"菜单"→"自由式"→"缩放"选项，对香蕉尾部进行缩放(按[Ctrl]键操作)，如图 6.2.28 所示。

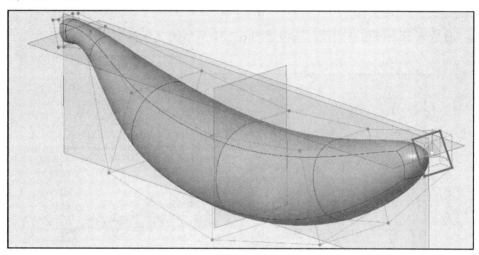

图 6.2.28

接下来点击选择"菜单"→"自由式"→"面分割"选项，对顶部控制面进行分割，使它看起来像香蕉，如图 6.2.29 所示。

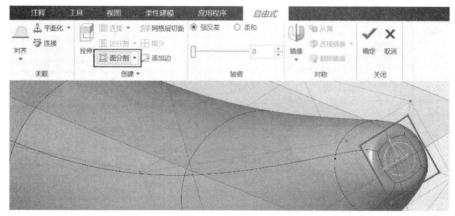

图 6.2.29

然后再微调控制网格，达到如图 6.2.30 所示的效果。

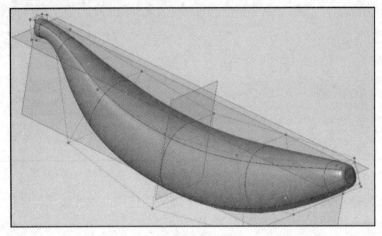

图 6.2.30

为了让它看起来棱角分明些，选中如图 6.2.31 所示的 2 条控制边，给它多增加一些控制网格。

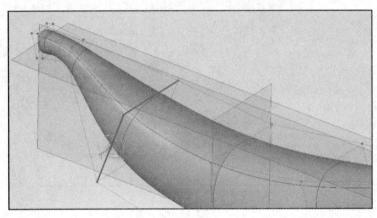

图 6.2.31

接着点击选择"菜单"→"自由式"→"边分割"选项，对其进行一次拆分，完成后如图 6.2.32 所示。

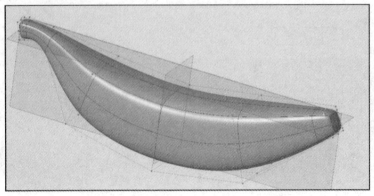

图 6.2.32

最后对所有网格进行整理，完成后效果如图 6.2.33 所示。

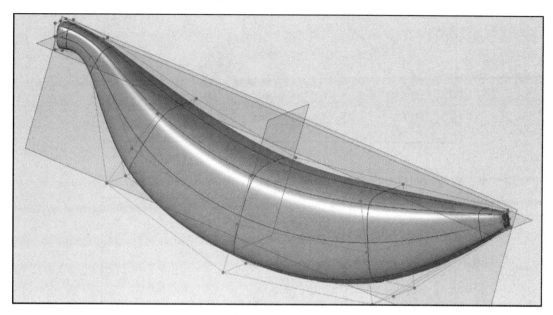

图 6.2.33

如果觉得还不够好，可以再调整一下菜单皱褶下的"强反差"和"柔和"，来进一步提高模型效果。

6.2.7 实例——电熨斗的自由样式建模

接下来，我们将使用自由样式来创建一个更复杂的模型——电熨斗。

首先，绘制如图 6.2.34 所示的电熨斗的线框，或者导入相关的图片作为参考。

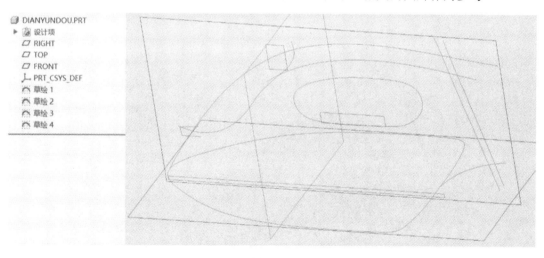

图 6.2.34

然后，使用球体作为基本元素，如图 6.2.35 所示。

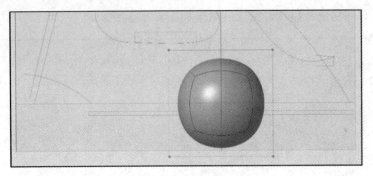

图 6.2.35

接下来，将控制网格与电熨斗的轮廓对应起来，如图 6.2.36 所示。

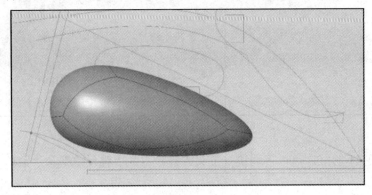

图 6.2.36

为了便于编辑，首先需要使模型左右对称。选中如图 6.2.37 所示的控制面，点击选择"菜单"→"自由式"→"镜像"选项，选择 RIGHT 基准面。

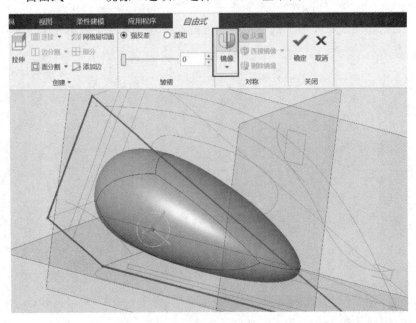

图 6.2.37

完成后，模型就变成了左右对称的形状，如图 6.2.38 所示。

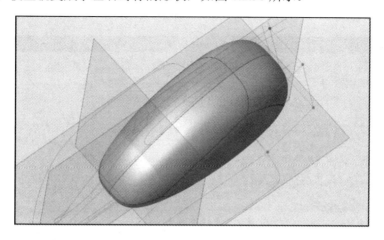

图 6.2.38

为了更好地编辑模型，这里需要增加一些控制网格。点击选择"菜单"→"自由式"→"边分割"→"三次分割"选项，两个方向各分割一次，如图 6.2.39 所示。

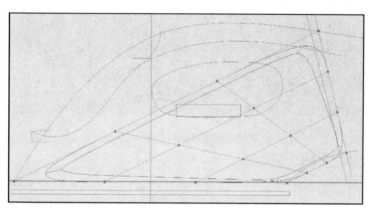

图 6.2.39

然后，选择中间不需要的控制面，按[Delete]键删除，完成后如图 6.2.40 所示。

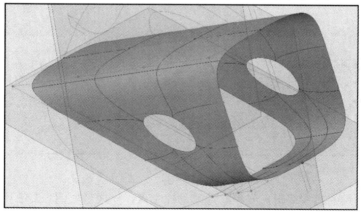

图 6.2.40

接下来，把两个破洞连接起来。选择如图的控制网格，点击选择"菜单"→"自由式"→
"连接镜像"选项，如图 6.2.41 所示。

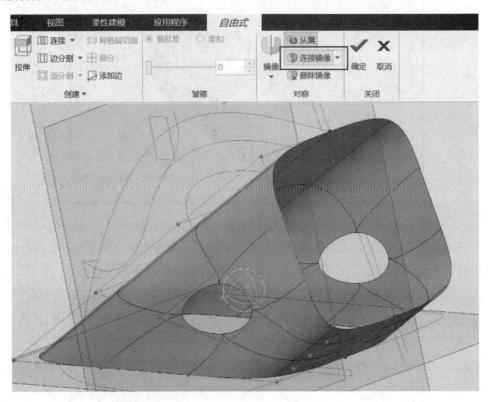

图 6.2.41

模型破洞处连接起来的形状如图 6.2.42 所示。

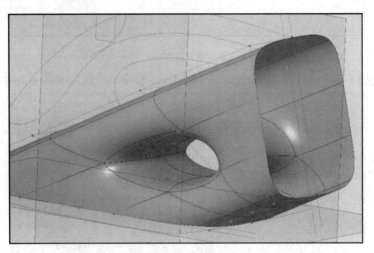

图 6.2.42

为了便于后续的模型编辑，先粗略地移动控制点，完成后如图 6.2.43 所示。

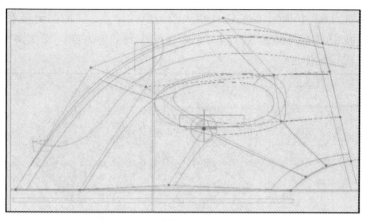

图 6.2.43

着色显示后的轴测图如图 6.2.44 所示。

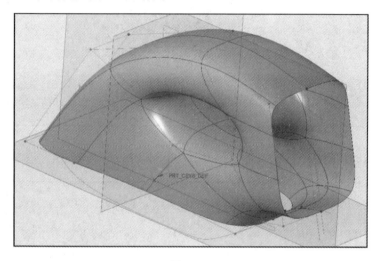

图 6.2.44

然后，点击选择"菜单"→"自由式"→"变换"选项，选择如图 6.2.45 所示的控制线，把它向中心移动一些距离。

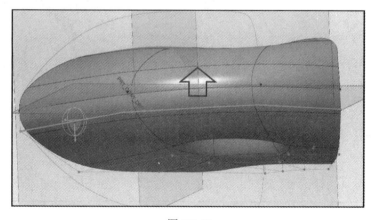

图 6.2.45

接着，调整如图 6.2.46 所示控制线及相关控制点的位置，使曲面更接近既定的轮廓线。需要注意的是，我们只需调整宽度方向，不要误操作到其他方向。每次调整都要明确目标和目的，切勿出现误操作。

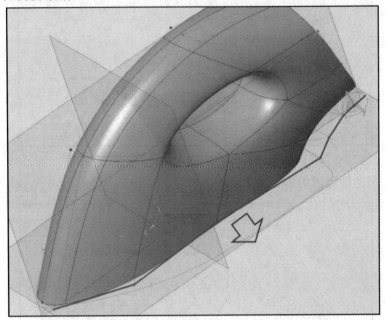

图 6.2.46

完成后，得到如图 6.2.47 所示的模型。

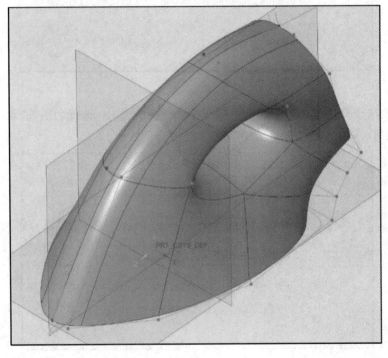

图 6.2.47

接下来，调整如图 6.2.48 所示控制线及相关控制点的宽度，使其曲面更加顺滑。

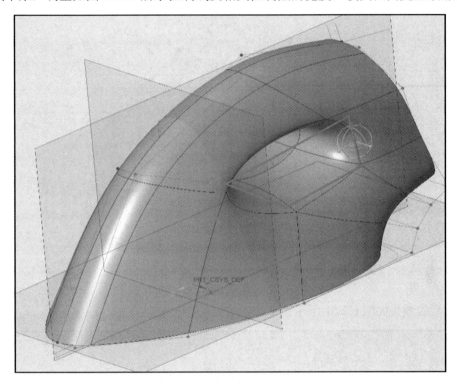

图 6.2.48

完成后的效果如图 6.2.49 所示。

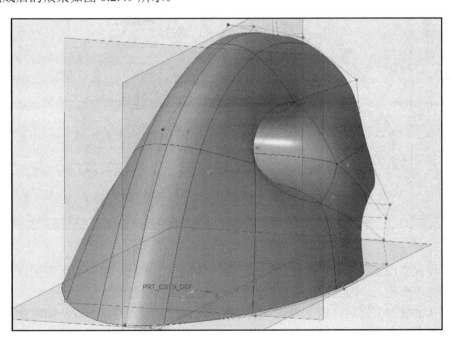

图 6.2.49

最后，调整尾部控制线、控制点的宽度，如图 6.2.50 所示。

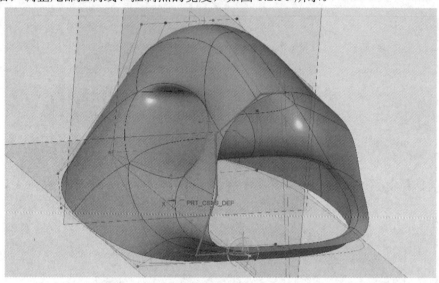

图 6.2.50

完成后的效果如图 6.2.51 所示。

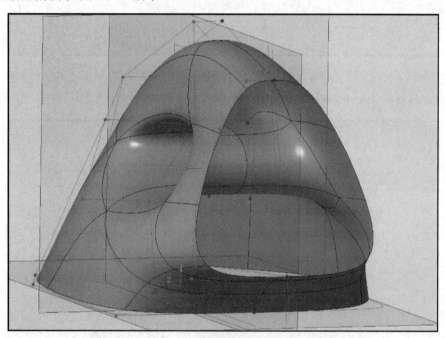

图 6.2.51

　　自由样式的调整是逐渐逼近的过程，很难一步到位。因此，刚开始无需把精力放在使曲面对齐到轮廓线上，而是需要逐步调整，直至达到最终的效果。

　　在整体曲面调整好后，接下来进入细节曲面的刻画过程。通常建议从简单处开始，因为复杂的细节调整往往会牵扯到很多网格。对于电熨斗来说，手柄部分是相对简单的，因此我们可以从手柄部分开始进行调整。

首先，点击选择"菜单"→"自由式"→"边分割"选项，在这里增加一条控制边，如图 6.2.52 所示。

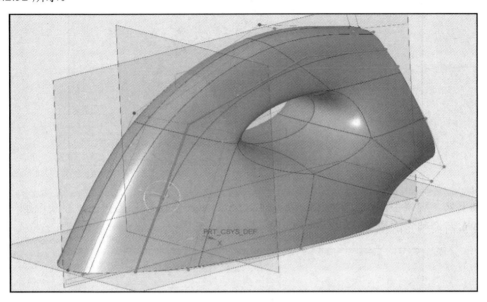

图 6.2.52

然后，调整如图 6.2.53 所示的控制线，使其略低于中间控制线，从而使手柄外部曲面变得更加圆润。

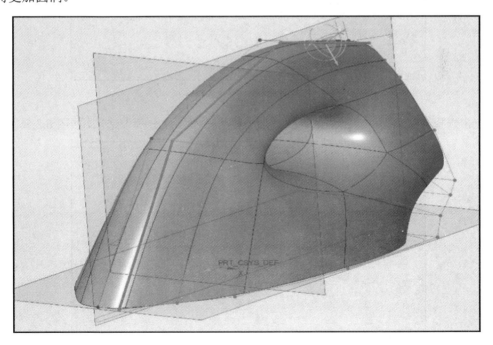

图 6.2.53

完成后的效果如图 6.2.54 所示。

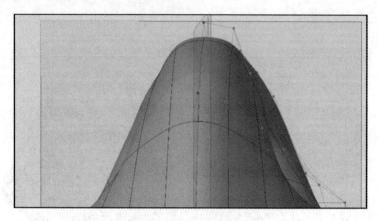

图 6.2.54

接下来，观察手柄的控制网格，如图 6.2.55 所示，发现它有些扭曲，需要增加一些网格，并重新调整它的位置。

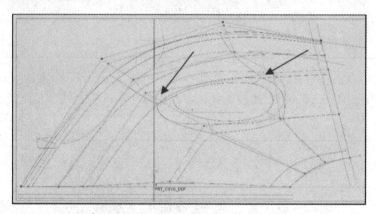

图 6.2.55

点击选择"菜单"→"自由式"→"边分割"→"二次分割"选项，如图 6.2.56 所示。

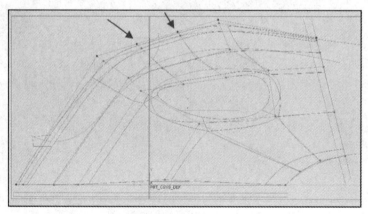

图 6.2.56

然后调整手柄控制网格的位置(保持在侧视图中)，如图 6.2.57 所示。

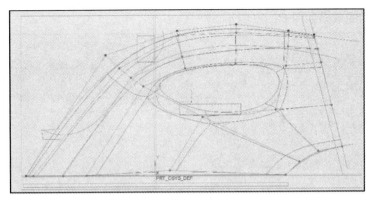

图 6.2.57

调整好后在着色状态下观察，效果如图 6.2.58 所示。

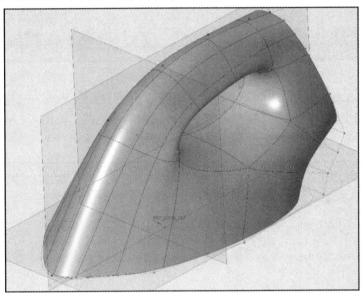

图 6.2.58

接下来调整如图 6.2.59 所示控制线的宽度，使手柄更加圆润。

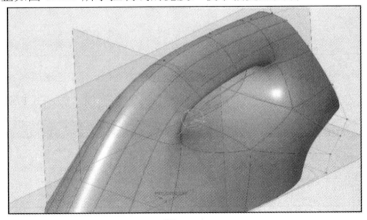

图 6.2.59

调整完成后的效果如图 6.2.60 所示。

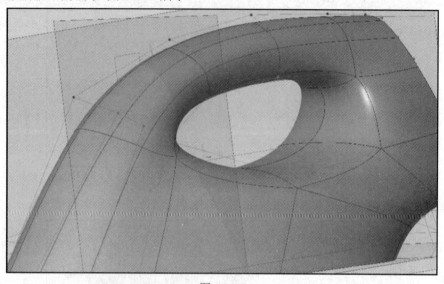

图 6.2.60

接着调整第二处简单细节，即与之相对的电熨斗下部的曲面，处理方法与手柄部分相同。

处理时我们很容易发现下部存在一条不合理的控制网格线，如图 6.2.61 所示。为了避免产生太大的影响，接下来我们会逐步替换这组网格。

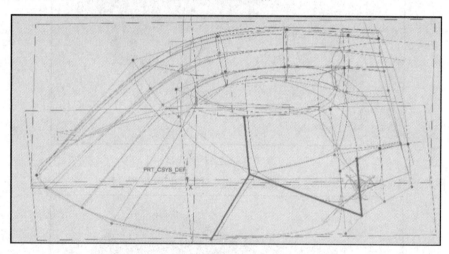

图 6.2.61

首先，点击选择"菜单"→"自由式"→"添加边"选项，如图 6.2.62 所示。

图 6.2.62

然后，我们添加如图 6.2.63 所示的网格。

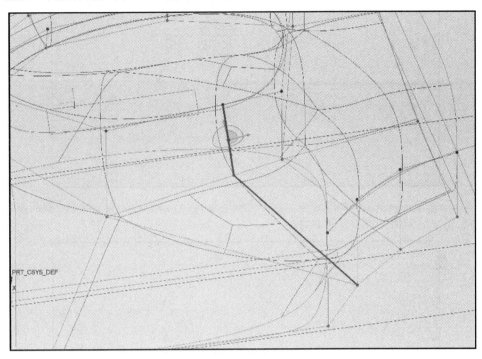

图 6.2.63

接着，点击选择"菜单"→"自由式"→"边分割"选项，分割出如图 6.2.64 所示的网格。

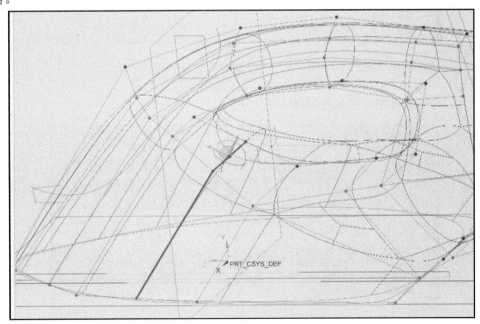

图 6.2.64

然后，我们选择如图 6.2.65 所示的边，按[Delete]键删除。

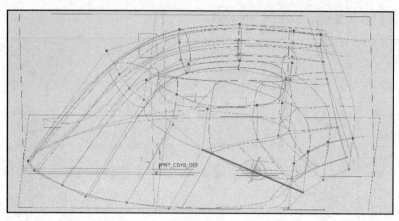

图 6.2.65

删除完成后效果如图 6.2.66 所示。

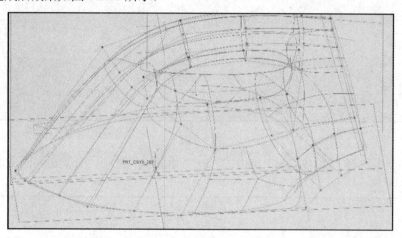

图 6.2.66

我们在如图 6.2.67 所示位置添加一条边,点击选择"菜单"→"自由式"→"添加边"选项,绘制出图中的绿色控制网格。

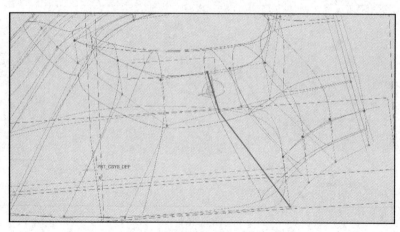

图 6.2.67

完成后的效果如图 6.2.68 所示。

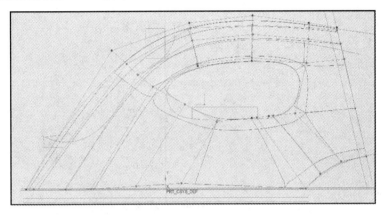

图 6.2.68

接着调整一下电熨斗的控制网格，如图 6.2.69 所示。

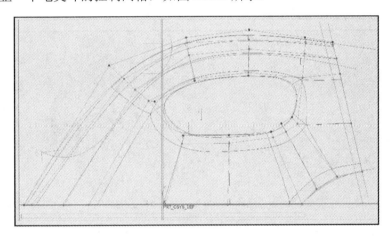

图 6.2.69

如果发现有多余的控制线，也可以顺便删除掉，如图 6.2.70 所示。

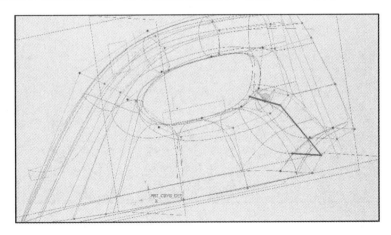

图 6.2.70

删除后，我们可以微调各端点的位置，使其更好地贴近设计意图，如图 6.2.71 所示。

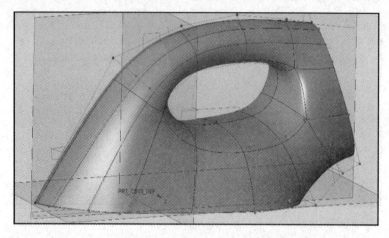

图 6.2.71

调整完成后效果如图 6.2.72 所示。

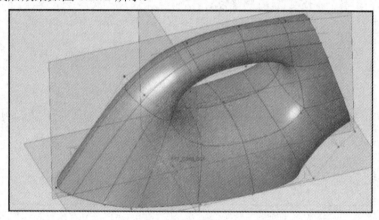

图 6.2.72

接下来，我们开始处理电熨斗头部的控制网格，如图 6.2.73 所示。

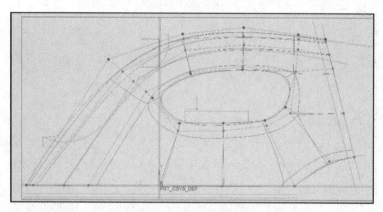

图 6.2.73

点击选择"菜单"→"自由式"→"边分割"选项，增加 2 条控制网格，如图 6.2.74

和图 6.2.75 所示。

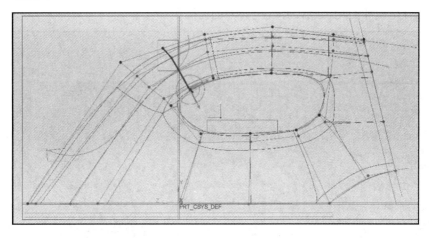

图 6.2.74

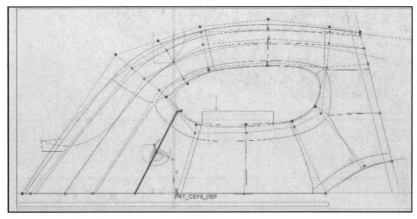

图 6.2.75

然后调整它们的位置，完成后如图 6.2.76 所示。

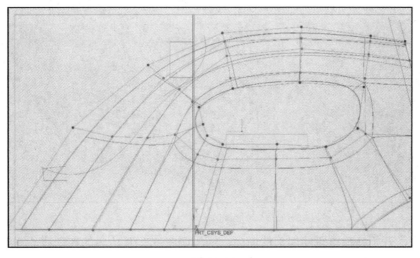

图 6.2.76

接着，我们对模型进行着色处理，如图 6.2.77 所示，再次微调每个控制点的宽度，以使曲面更贴合电熨斗的轮廓线，并使电熨斗的曲面更加光滑。

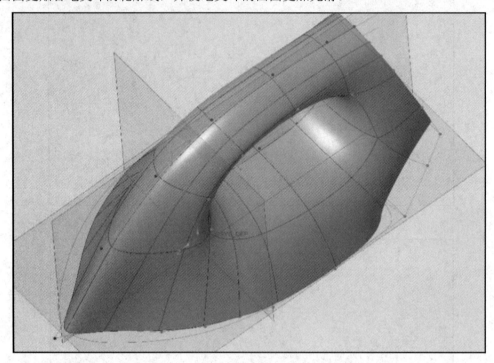

图 6.2.77

微调后的效果如图 6.2.78 所示。

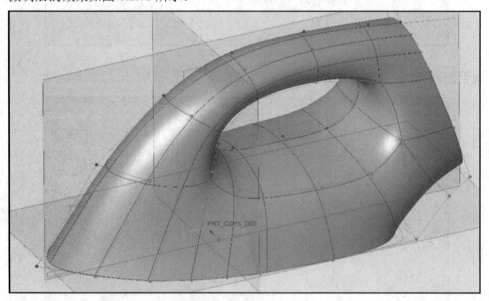

图 6.2.78

接下来，开始处理电熨斗尾部的曲面，增加如图 6.2.79 所示的控制线，并编辑它们的位置，使尾部曲面的形状更加贴合设计意图。

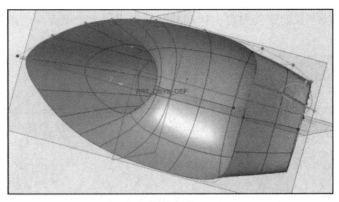

图 6.2.79

完成后效果如图 6.2.80 所示。

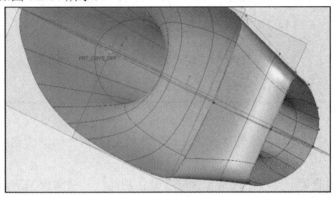

图 6.2.80

　　最后，我们需要对底部的控制点进行一次平面化(如果它已经不在一个平面上的话)，选择应该共面的控制网格，点击选择"菜单"→"自由式"→"平面化"选项，选择下方的基准面即可，如图 6.2.81 所示。

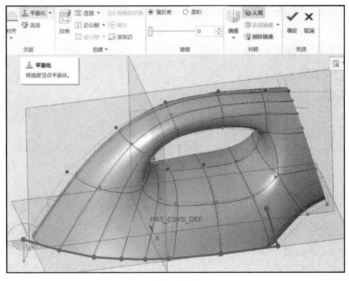

图 6.2.81

经过上述步骤后，我们就使用自由样式独立地完成了一个电熨斗的曲面了，如图6.2.82所示。

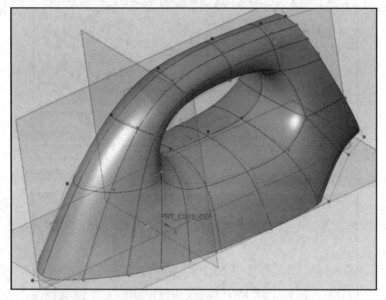

图 6.2.82

完成后点击确定，就可以继续进行下一步的建模工作了(比如继续完成其他曲面或开始制作零件等)。

最后需要提醒的是，自由样式是一种非参数化功能，其编辑模型的方式是通过不断调整控制网格来实现的。虽然在自由样式中有操作堆栈(可以使用[Ctrl + Z]键、[Ctrl + Y]键来取消或重做)，但如果在编辑控制点时不小心误操作了其他点，可能需要花费很大代价才能挽回这种影响。因此，在使用自由样式进行建模时，需要谨慎处理每一个控制点，以确保不会对整个模型造成不可逆的影响。

自由样式是 Creo 中功能比较强大的自由曲面工具，虽然它有很多优点，但缺点也很致命，因此在使用时必须秉持以下原则：

(1) 网格排布必须整体规划。

(2) 先整体，后局部，先大面，后细节。

(3) 细心，细心，再细心。

本 章 小 结

本章详细介绍了 Creo 中两个非常强大的曲面模块：样式(Style)和自由样式(FreeStyle)。通过学习这两个非参数化模块，读者可以在繁杂的建模工作中，将其应用于曲面建模，从而实现更加高效和精确的建模操作。

在样式模块中，我们学习了如何绘制和编辑样式曲线、构造样式曲面以及在参数化曲面建模中应用样式。通过实例的演示，我们了解到如何使用样式模块构建三通管，从而深入了解样式模块在实际工作中的应用。

在自由样式模块中，我们学习了自由样式的基元、变换、网格对齐以及曲面的编辑和皱褶等内容。通过实例的演示，我们了解到如何使用自由样式模块构建香蕉和电熨斗的模型，从而深入了解到自由样式模块在实际工作中的应用。

总之，本章的内容非常实用，对于想要掌握 Creo 曲面建模技能的读者来说，是非常值得学习的章节。掌握这两个非参数化的模块，将它们应用到实际的工作中去，将一定会使曲面建模工作如虎添翼，提高建模效率和精度。

课 后 练 习

为了巩固自由样式(FreeStyle)模块的学习，建议读者尝试使用该模块建立一些实际的物品模型，如水果、饰物或产品等。通过实践，读者可以更好地掌握自由样式模块的基本操作和建模技巧，并加深对非参数化建模的理解。

第7章　综合曲面建模

本章介绍综合曲面建模，也就是通过将参数化建模和非参数化建模结合，进而实现整体模型的参数化建模。对于这种建模方式，有以下几个原则：

(1) 以参数化建模为基础，辅以非参数化建模。参数化建模可以帮助我们轻松地进行几何特征的修改，而非参数化建模则可以更好地处理复杂的曲线和曲面。

(2) 复杂的曲线、曲面尽量用非参数化建模完成。在建模过程中，我们可能会遇到一些比较复杂的几何特征，这时候非参数化建模可以帮助我们更好地解决这些问题。

(3) 让非参数化建模特征继承参数化建模的特征。在综合曲面建模中，我们需要将参数化建模和非参数化建模的特征结合起来，让它们相互继承，从而实现整体模型的参数化建模。

通过本章的学习，我们将掌握综合曲面建模的基本原则和技术，能够在实际工作中更加灵活地使用参数化建模和非参数化建模，快速高效地完成模型设计和修改。

7.1　实例——剃须刀

7.1.1　自由样式的剃须刀手柄

本小节将以剃须刀为例，介绍如何使用自由样式(FreeStyle)制作剃须刀手柄。

首先，打开之前创建的剃须刀刀头文件，然后进入自由样式，增加球形元素并删除与剃须刀对接的网格，如图 7.1.1 所示。

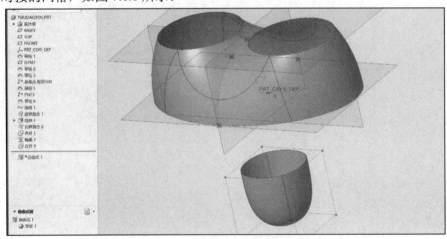

图 7.1.1

接下来，需要使用对齐工具将自由样式的元素与参数化绘制的曲面连接在一起。先选择要对齐的网格，然后点击选择"菜单"→"自由式"→"对齐"选项，再选择剃须刀的下边缘，如图 7.1.2 所示，按鼠标中键确认。

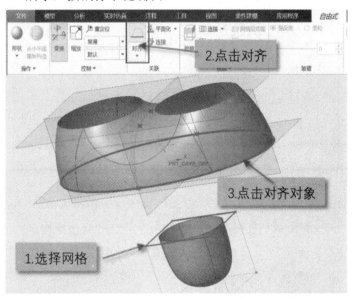

图 7.1.2

完成后的效果如图 7.1.3 所示。

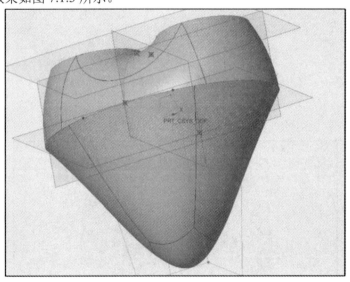

图 7.1.3

从图中可以看出，这并不是想要的效果，按[Ctrl＋Z]键退回。我们重新尝试对其进行更加自然的光滑连接，点击选择"菜单"→"自由式"→"对齐"→"对齐切线"选项。由于"对齐切线"功能只能对单一的曲面进行操作，因此需要先拆分元素，使其控制线数量与上方的边界对应，并且手动对齐 6 次。

首先，拆分一下控制网格，如图 7.1.4 所示。

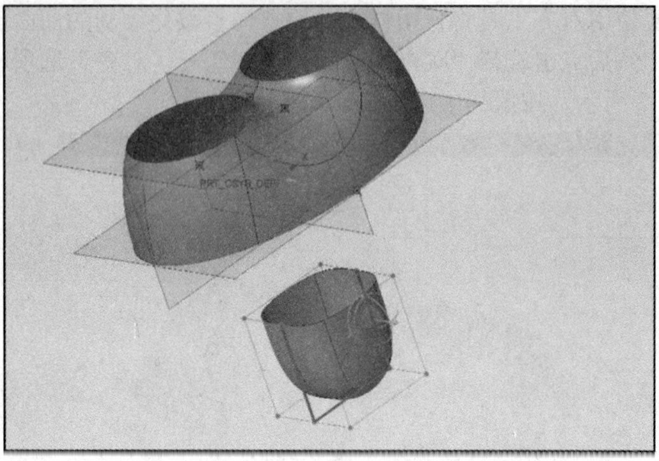

图 7.1.4

点击选择“菜单”→“自由式”→“对齐”→“对齐切线”选项，逐一对齐后按鼠标中键确认操作。图 7.1.5 所示是前两次对齐的效果，共进行 6 次操作。

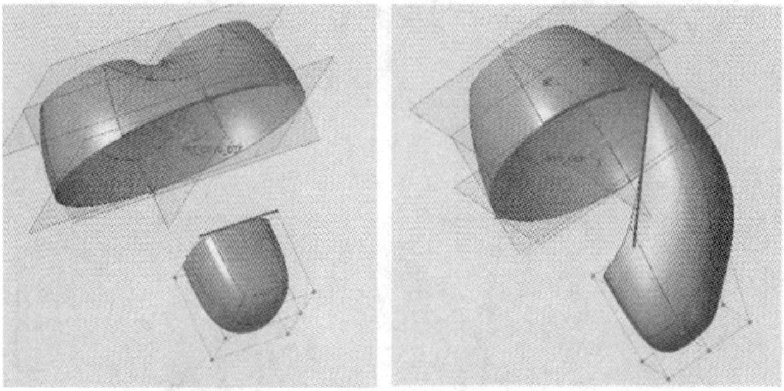

图 7.1.5

6 次对齐操作完成后的效果如图 7.1.6 所示。

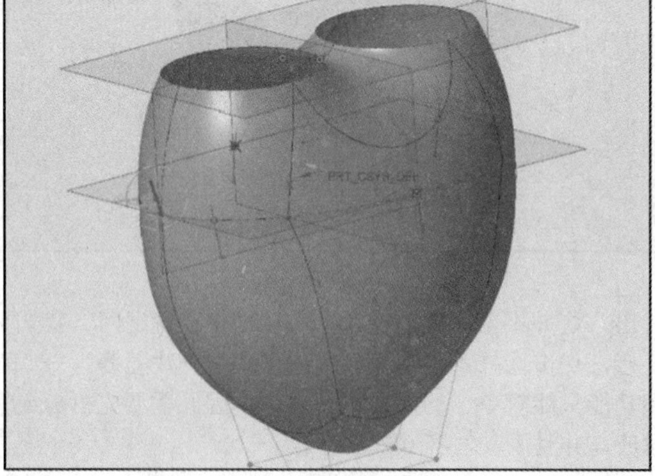

图 7.1.6

7.1.2　剃须刀手柄曲面的编辑

接下来，就可以开始对剃须刀手柄的曲面进行造型和编辑了。可以像图 7.1.7 所示一样简单地进行编辑，然后点击"确定"完成。因为这个造型非常简单，可以参考之前电熨斗的例子(见第 6.2.7 节)，这里就不再赘述了。

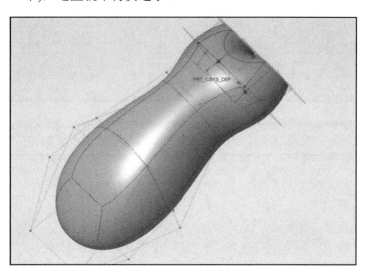

图 7.1.7

7.1.3　自由样式的参数化特点

接下来，我们可以测试一下上述自由样式模型的参数化特点。在开始之前，我们先来简单测量一下当前模型的参数，如图 7.1.8 所示。

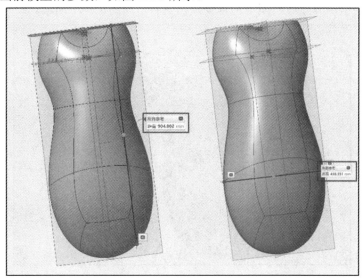

图 7.1.8

接着，我们调整一下刀头，如图 7.1.9 所示(左图为调整前，右图为调整后)。

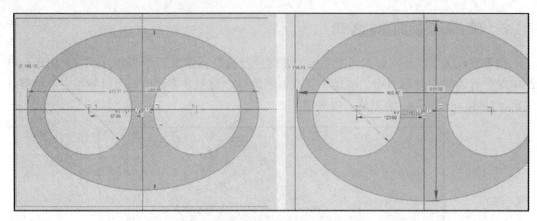

图 7.1.9

点击"确定"后，发现出现了一些小问题，即截面更新错误，如图 7.1.10 所示。

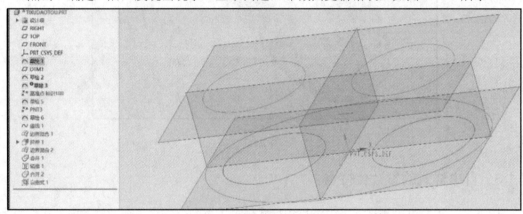

图 7.1.10

根据提示将错误解除后，模型也将被顺利更新，如图 7.1.11 所示。

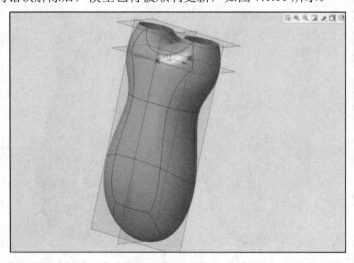

图 7.1.11

重新测量之前的两组尺寸，会发现自由样式(FreeStyle)造型部分并没有改变，只有连接部分的控制网格发生了改变。

　　虽然这不是参数化想要的结果，但如果可以通过另一个参数特征来控制手柄的长度等属性，就可以将手柄长度纳入参数化的范畴，从而实现参数化。

7.2　实例——电熨斗

7.2.1　绘制电熨斗的轮廓曲线

　　让我们再来看一个稍微复杂的例子——电熨斗。因为这个例子是在旧版本 ProE 中建模的，所以样式"Style"被翻译为"造型"，而"通过点的曲线"被翻译为"曲线"。另外需要注意的是，为了节省篇幅并使思路更加清晰，骨架文件中包含了一些本应在零件中完成的细节。

　　接下来开始建模，首先，我们导入或绘制出电熨斗的轮廓线，如图 7.2.1 所示。

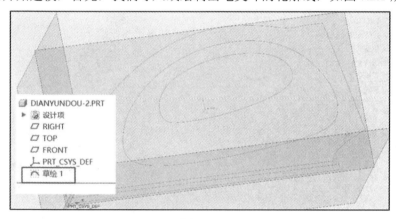

图 7.2.1

接着，完成必要的辅助面，如图 7.2.2 所示。

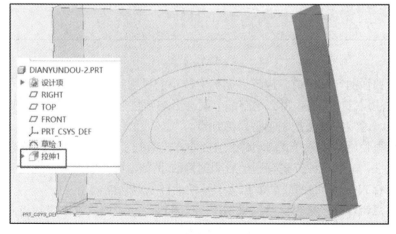

图 7.2.2

然后，草绘出如图 7.2.3 所示的轮廓线。

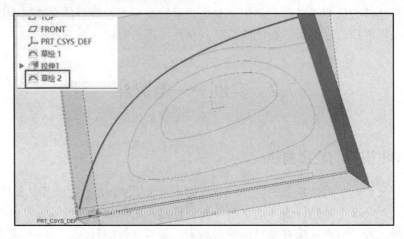

图 7.2.3

接下来，使用样式(Style)绘制出如图 7.2.4 所示的绿色曲线。

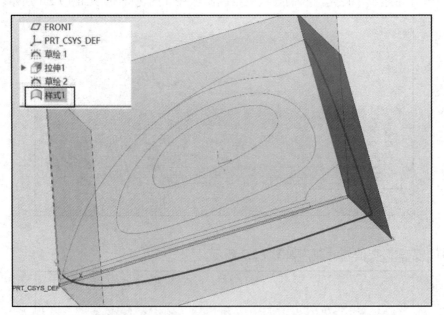

图 7.2.4

对于复杂曲面的产品建模，应该遵循抓大放小的原则。例如，在这个例子中，如果一开始就过于关注尾部的细节，那么这个细节就会影响到整个曲面，反而会造成麻烦。因此，针对类似情况，通常的做法是先忽略局部细节。

另外，这里使用草绘与样式(Style)相结合的方式绘制了 3 条线，原因是这 3 条线之间有很强的关联性，采用这种方案有利于后期的修改(例如，第一条线可以通过参数影响其他 2 条线)。同时样式(Style)的曲线功能也优于草绘的样条线功能。

接下来，点击选择"菜单"→"模型"→"基准"→"曲线"→"通过点的曲线"选项，绘制出如图 7.2.5 所示的曲线(端点为按比例取点)。

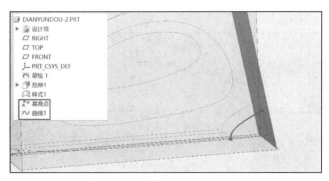

图 7.2.5

这条曲线的绘制是为了避免在边界混合时出现 3 边成面的情况，从而避免曲面扭曲的发生。

7.2.2　构建电熨斗的主要曲面

接下来，我们开始构建电熨斗的主要曲面。点击选择"菜单"→"模型"→"边界混合"选项，可以创建出电熨斗的大面，即如图 7.2.6 所示的绿色曲面。

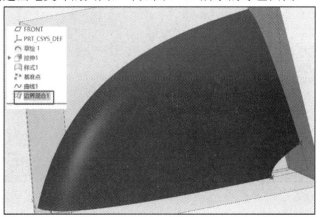

图 7.2.6

然后，点击选择"菜单"→"模型"→"拉伸"选项，切出手柄的空洞，截面如图 7.2.7 所示。并根据需要，重新规划切洞曲线的断点分布(如果前期工作已经考虑到这个细节，那么这一步可以忽略)。

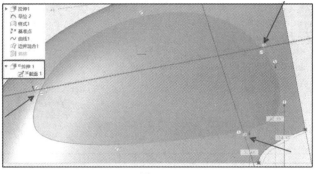

图 7.2.7

完成后的效果如图 7.2.8 所示。

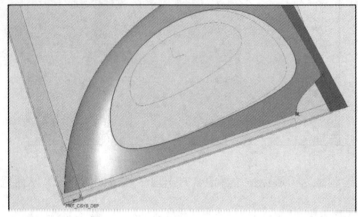

图 7.2.8

接下来，点击选择"菜单"→"模型"→"草绘"选项，绘制出内部的轮廓线，如图 7.2.9 所示。

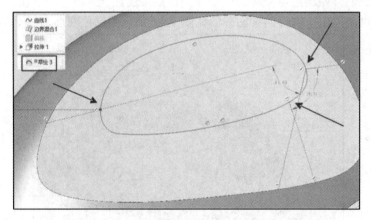

图 7.2.9

完成了上述准备工作后，点击选择"菜单"→"模型"→"基准"→"曲线"→"通过点的曲线"选项，便可以绘制出连接二者的控制线，即如图 7.2.10 所示的绿色曲线。

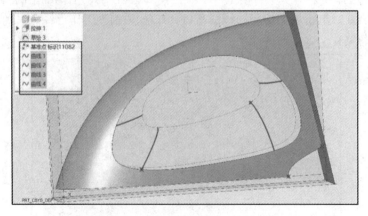

图 7.2.10

接下来，点击选择"菜单"→"模型"→"边界混合"选项，重复 4 次后创建出如图 7.2.11 所示的曲面。

图 7.2.11

上述环形曲面原本可以只通过一个特征就完成构建，但是由于后期需要分别继承各部分曲面来刻画细节，因此为了避免后期出现麻烦，这里直接采用了多个边界混合特征来完成。当分成若干部分完成这样的曲面时，采用的顺序是先大后小。例如，在这个例子中，采用先上下，再左右的顺序。当然，在实际工作中也可能会出现非一般的情况，则需要根据实际情况来灵活处理。

7.2.3　构建电熨斗的细部曲面

现在我们开始构建电熨斗的细节曲面。

首先，我们投影并修剪出电熨斗上方的局部细节，如图 7.2.12 所示。

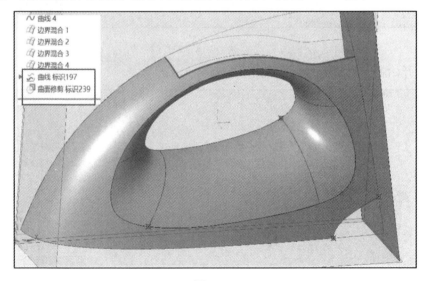

图 7.2.12

然后，完成顶部这一组曲面的控制曲线，如图 7.2.13 所示。

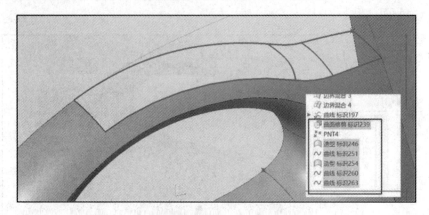

图 7.2.13

这里使用了"通过点的曲线""样式(Style)线"结合的方法，当然也可以单独使用某一种方法来完成这些工作。原则上，对于控制要求较高的曲线，使用"草绘"(平面曲线)或者"样式(Style)线"(三维曲线)；而对于一般要求的曲线，则使用"通过点的曲线"。

接下来，用一个或多个边界混合特征来完成这组局部曲面，如图 7.2.14 所示。

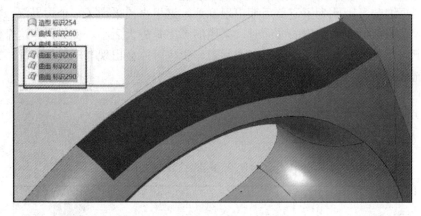

图 7.2.14

然后，开始制作调温器的曲面，如图 7.2.15 所示。

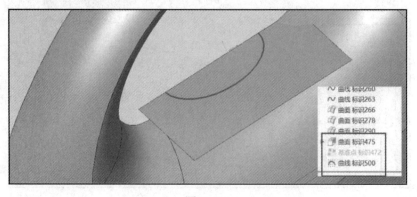

图 7.2.15

首先，切掉水箱顶面，并绘制局部曲线，如图 7.2.16 所示。

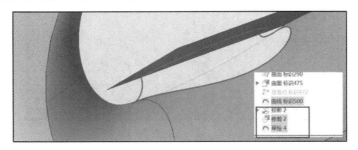

图 7.2.16

接着，通过边界混合特征，完成调温器平台，如图 7.2.17 所示。

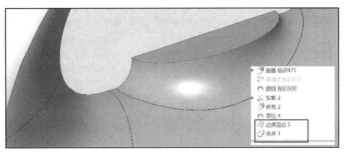

图 7.2.17

然后，在这个控制文件上，做一些本应在零件阶段才有的特征。

在制作蒸汽喷嘴时，可以重复调温器的制作步骤：拉伸喷嘴平面，绘制喷嘴截面，如图 7.2.18 所示。

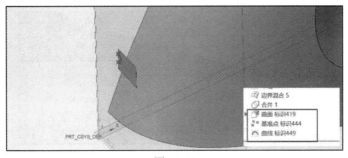

图 7.2.18

完成喷嘴的边界线，如图 7.2.19 所示。

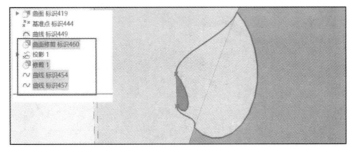

图 7.2.19

最后，用样式(Style)线完成这个边界混合面，如图 7.2.20 所示。

图 7.2.20

接下来制作加热板，完成后效果如图 7.2.21 所示。

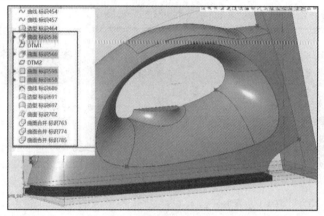

图 7.2.21

然后制作旋钮的底面，如图 7.2.22 所示。

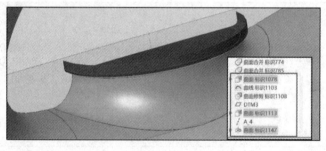

图 7.2.22

镜像出轮廓后如图 7.2.23 所示。

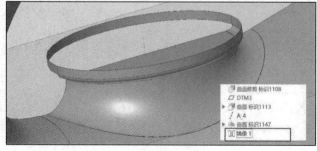

图 7.2.23

接着使用自由式(FreeStyle)制作旋钮的顶面，如图 7.2.24 所示。

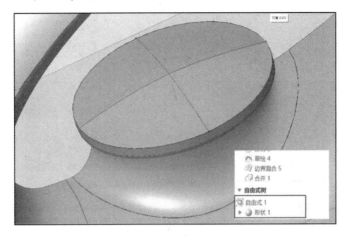

图 7.2.24

然后绘制干湿调节旋钮的相关特征，如图 7.2.25 所示。

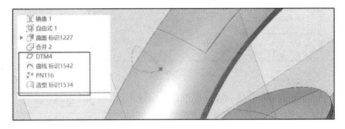

图 7.2.25

使用边界混合制作出旋钮的外部曲面，如图 7.2.26 所示。

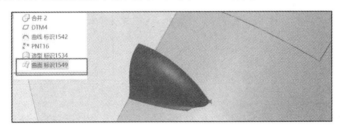

图 7.2.26

绘制出旋钮，如图 7.2.27 所示。

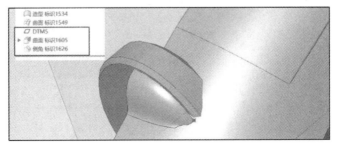

图 7.2.27

接着完成过渡曲面的边界线，如图 7.2.28 所示。

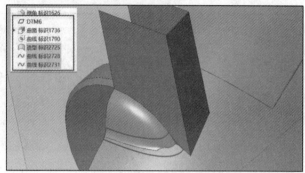

图 7.2.28

然后完成边界面，如图 7.2.29 所示。

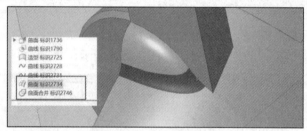

图 7.2.29

最后切出旋钮的孔洞，并对所有相关曲面进行修剪和合并，得到如图 7.2.30 所示的结果。

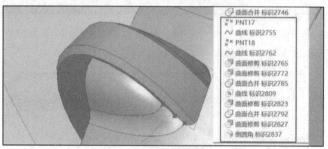

图 7.2.30

另外还需要制作喷射按钮，如图 7.2.31 所示，这是其中一个喷射按钮(喷雾按钮、喷射蒸汽按钮)。

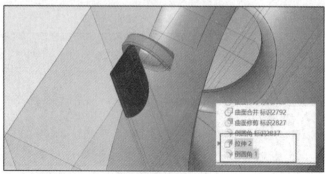

图 7.2.31

最后我们来完成电熨斗的脚垫，与前面的方法类似，这里就不再赘述了，如图 7.2.32
所示。

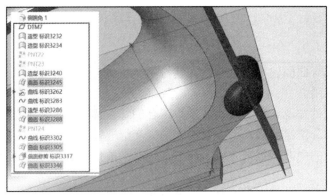

图 7.2.32

全部完成后，可以得到如图 7.2.33 所示的电熨斗的一半。

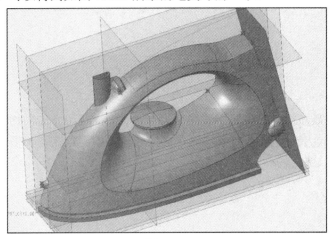

图 7.2.33

最后进行镜像操作，得到如图 7.2.34 所示的模型效果。

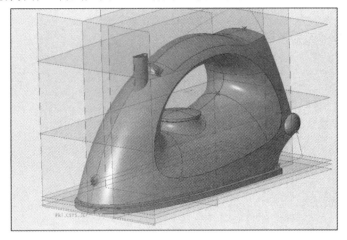

图 7.2.34

本 章 小 结

　　本章介绍了综合曲面建模的方法，并通过两个实例——剃须刀和电熨斗，详细阐述了这种建模方法的应用。

　　在实例中，我们发现，在参数和非参数结合的综合建模中，参数是基础，非参数是补充。需要控制的部分留给参数，不需要控制的则交给非参数。在允许的情况下，简单的由参数来完成，复杂的由非参数来完成。同时，让非参数化特征继承参数化的特征是非常重要的。

　　通过本章的学习，我们可以感受到，综合曲面建模是一种非常有效的建模方法，可以在保证模型精度的同时，提高建模效率。同时，参数和非参数的结合使用也让建模过程变得更加灵活和高效。

课 后 练 习

　　建模是一项基础技能，就像写字一样，只有通过多次练习才能精通它。本书看起来简单，但在实践中可能会遇到不少困难。因此，笔者最后的建议是：多多练习，只有通过实践，才能真正掌握这些技能。